수학 읽기

수학 읽기

박성일 지음

W미디어

머리말

수학에 대해 고대 그리스의 수학자 피타고라스는 "수는 만물의 척도"라 했으며, 르네상스 시대의 천재 미술가이자 과학자인 레오나르도 다 빈치는 "인간의 어떠한 탐구도 수학적으로 보일 수 없다면 참된 과학이라 부를 수 없다"고 했습니다. 17세기의 물리학자이자 천문학자인 갈릴레이는 "자연이라는 위대한 책은 수학의 언어로 쓰여 있다"고 했습니다. 만약 그가 오늘날 다시 살아 돌아온다면 분명 "우리 일상은 모두 수학의 언어로 쓰여 있다"고 말할 겁니다.

그런가 하면 20세기 괴짜 수학자인 헝가리의 폴 에르되시Paul Erdös는 "왜 수는 아름다운가? 이는 왜 베토벤 9번 교향곡이 아름다운지 묻는 것과 같다. 나는 그저 수가 아름답다는 것을 안다. 그게 아름답지 않다면 아름다운 것은 이 세상에 없다"고 하여 수학이 최고의 예술임을 강조하기도 했습니다. 물론 우리가 아는 20세기 최고의 천재인 아인슈타인은 상대성 이론과 양자 이론을 통합하는 통일장 이론을 연구하다가 결국 성과를 거두지 못한 채 임종을 앞둔 시점에 "내가 수학을 좀 더 알았더라면…" 하는 회한을 남기기도 했습니다.

이처럼 시대를 초월한 최고 과학자들이 하나같이 수학의 중요성을 강조한데서 알 수 있듯 과학이 발달하고 복잡해질수록 이 세상은 수학의 영향력이 커질 수밖에 없고, 수학을 잘 하는 사람이 당연히 미래의 지도자가 될 것입니다.

일반적으로 수와 관련된 분야는 'Arithmetic(아리스메틱)'과 'Mathematics(매스매틱스)'의 두 분야로 나뉘는데, Arithmetic은 사칙연산을 중심으로 한 계산법을 다루는 분야를 말하고, Mathematics는 일상생활이나 전문 분야에서 부닥치는 다양한 자연 또는 사회 현상의 원칙이나 작동원리를 찾기 위해 추상화, 일반화된 숫자를 이용해 적합한 수식을 세운 다음, 사칙연산의 계산법을 사용해 그 답을 구하는 학문 또는 과정을 지칭합니다. 다시 말해 Arithmetic은 사칙연산을 사용해 빠르고 정확하게 수를 계산하는 '기술'에 해당하는 반면, Mathematics는 숫자나 문자로 표시된 식을 풀어서 그 해법이나 해답을 찾는 '학문'인 것입니다. 따라서 Arithmetic과 Mathematics는 엄밀히 말하면 전혀 다른 분야이지만 Arithmetic이란 기술에 능숙해지면 Mathematics란 학문에 쉽게 접근할 수 있다는 점에서 Arithmetic은 Mathematics의 기초라고 할 수 있겠습니다(Arithmetic은 '수를 계산한다'는 의미에서 산수算數로, Mathematics는 '수를 다루는 학문'이라 하여 수학數學으로 번역하고 있습니다).

인문계를 공부한 많은 사람들이 "고등학교 졸업하고는 수학 쓸 일이 없더라"고 흔히 말합니다. 하지만 이는 잘못된 견해로, 생산적이고 창의적 활동에 참여한 경험이 없는 사람들의 넋두리일 뿐입니다.

전문가들이 4차 산업혁명을 언급한 게 몇 년 되지도 않았지만, 우리는 벌써 그 결실을 누리고 있습니다. 앱APP 깔린 핸드폰만 있으면 집에 앉아 전 세계 상품을 쇼핑하고, TV를 켜거나 채널을 바꾸는 것도 단지 한 마디 말로써 간단히 해결합니다. 그리고 이 혁명은 전문가도 예상치 못한 엄청난 속력으로 우리를 덮쳐오고 있습니다. IoT, Big Data, 3D 프린터, AI 같은 첨단 기술을 바탕으로 한 알파고, 자율주행차, IBM Watson 등 다양한 분야의 로봇들은 우리의 삶을 근본적으로 뒤흔들고 있습니다.

이러한 시대 변화에 힘입어 필자는 우리 청소년들에게 STEM 교육을 확산시키려는 취지로 최근에 하드웨어와 소프트웨어의 융/복합 전문기업을 설립했습니다. 구체적으로는 3D 프린팅과 코딩이라는 소프트웨어 기술에 액추에이터, 센서 등 하드웨어적 지식을 접목하여 3D 프린터, 로봇, IoT 제품을 스스로 설계/제작할 수 있는 능력을 키우게 하려는 의도입니다.

이와 관련 전문지식이 부족한 필자가 3D 모델링/프린팅, 3D 프린터 부품의 종류와 기능, 코딩, 하드웨어 정보를 학습하는데 있어 수학적 지식이 큰 도움이 됨을 실감합니다. 이런 기술이나 지식의 바탕을 이루는 핵심은 수학, 아니 더 정확히 말하면 '수학적 사고'이기 때문입니다. 그런데 필자가 직접 모델링과 코딩을 공부해보니 핵심은 '더하기(+)'와 '빼기(−)'라 생각됩니다. 게다가 복제Duplicate 기능은 '곱하기(×)'입니다. 결국 우리 삶을 지배하는 수학적 사고는 '사칙연산'이 그 바탕을 이룬다는 생각입니다.

자연수에서 시작된 사칙연산이 정수, 분수, 무리수, 허수로 점점 그 영역을 넓히고, 마침내는 논리학에까지 적용되면서 지금의 4차 산업혁명이 탄생했기 때문입니다. 따라서 필자는 사칙연산만 이해하면 수학은 흔히 말하는 '넘사벽('넘을 수 없는 사차원의 벽'의 줄임말)'이 아니라 재미있고 즐거운 학문이라 확신합니다.

지금까지 많은 부모님들은 자녀가 수학을 못할 경우 과외를 시키면 성적이 오를 거란 막연한 기대감에서 큰돈 들여 공부를 시켰지만 결과는 신통치 못했습니다. 그 이유는 자녀에게 산수부터 차근차근 가르치려 들기보다는 눈앞의 성적에 연연해 기초도 없는 자녀에게 어려운 수학을 무조건 떠안기는 식이었기 때문입니다. 중학생 또래의 연령이라면 산수 정도는 기본적으로 이해할 수 있으므로 초등 6년 동안 배울 내용을 5~6개월이면 무난히 마칠 수 있습니다. 그렇게 기초를 다진 후에 수학으로 들어가면 웬만한 학생들은 교과 내용을 충분히 따라갈 수 있습니다.

그런데 기초가 안 된 자녀에게 무조건 자기 학년에 맞춘 내용을 막무가내로 떠안기고, 학생 입장에서는 감당이 안 되다보니 수학이 재미없고 어렵게만 느껴지는 것입니다. 따라서 자녀 교육에 있어 부모님들이 명심해야 할 경구는 누구나 다 안다고 생각하는 '기본으로 돌아가라Back to Basics'입니다. 기본이 튼튼하다면 어떤 건물이라도 굳건히 세울 수 있습니다. 이때 중요한 것은 학부모 입장에서는 '이 뻔한 내용을 얼마나 실천할 수 있을까'이며, 교사에게는 '기초를 얼마나 쉽고 재미있게 체계적으로 가르칠 수 있을까' 하는 부분일 것입니다.

이 책은 이러한 현실적인 문제에서 출발해 일반인들이 수학에 겁먹지 않고, 또 쉽게 배울 수 있는 방법이 없을까 하는 고민의 산물입니다. 인문학도였던 필자 역시 모델링과 코딩을 공부하면서 수학의 필요성을 절감하고 뒤늦게 수학책을 잡았기 때문에 누구보다 수학 공부의 고충을 잘 알고 있습니다. 그렇기에 수학이 어렵다고 포기한 학생

들뿐만 아니라, 학창시절에도 공부하지 않았는데 새삼 이 나이에 무슨 수학책을 다시 보겠냐며 지레 얼씬도 않으려는 부모님들께 권해드립니다. 과학이 발달하고 세상이 복잡해질수록 수학의 중요성은 더 커질 것이기 때문입니다.

이 책의 구성은 다음과 같습니다. 먼저 제1부에서는 수의 체계를 간략히 훑어보면서 전체의 윤곽을 이해할 수 있도록 설명 위주로 꾸몄습니다.

제2부는 각 수들의 공통적인 요소와 개별적인 성질을 다루었습니다. 자연수의 경우, 덧셈과 곱셈의 연산법칙인 교환 · 결합법칙과 함께 '닫혀 있다'는 개념을 설명했고, 분배법칙 등 다양한 방법을 활용해 암산만으로도 풀 수 있는 '컴퓨터처럼 빠르고 정확한 기적의 사칙연산' 내용을 담았습니다. 그리고 '수의 일반화'가 무엇이며, 이것이 수의 체계를 이해하는데 얼마나 중요하면서 동시에 편리한 것인지를 이해시키려고 노력했습니다. 정수의 경우에는 수로서의 공통 요소 외에 절댓값, 약수와 배수 및 소수素數 등 정수의 성질에 대해 설명했습니다. 이런 식으로 분수와 소수 및 유리수와 무리수에 대해서도 공통 요소 및 개별 성질들을 설명하고 있습니다.

제3부에서는 기존 수의 체계에는 포함되지 않으면서 특정한 분야에서만 사용되는 '특별한 수'들을 따로 모았습니다. 독자들이 이 부분을 읽으면서 '나의 독창적인 사고가 내 이름을 붙인 수를 만들어낼 수도 있겠구나!' 하는 생각을 갖게 함으로써 수에 대해 더 많은 관심과 흥미를 유발시키고자 하는 취지에서 소개했습니다.

만약 책의 내용이 어렵다면, 처음에는 제1부만을 가볍게 속독하는 기분으로 끝까지 읽어 보시기 바랍니다. 분량이 많지 않으니 두세 시간이면 충분히 읽을 수 있을 겁니다. 그리고 잠시 쉬었다가 다시 처음부터 읽어보세요. 두 번째 읽을 때에는 처음보다 훨씬 친숙한 느낌이 들면서 자연수와 정수, 유리수와 무리수의 관계가 머릿속에서 정리될 것입니다.

이렇게 수의 체계가 머릿속에 정리되면 제2부로 들어가십시오. 그러면 제2부도 이해하기에 어렵지 않을 것입니다. 다만 각각의 개념만큼은 차근차근 정리하는 습관을 가지십시오. 수학은 이해 과목이지만, 그 이름이나 개념만큼은 이해한다고 해서 자연스럽게 기억나지는 않기 때문이니까요.

한때 그토록 싫어했던 수학책을 취미삼아 붙들고 지금 소중한 시간여행을 하고 있을 독자들에게 19세기 덴마크의 실존주의 철학자인 키에르케고르의 다음 말로 용기를 더해드립니다.

"인생은 목표를 이루는 과정이 아니라 그 자체가 소중한 여행일지니 서투른 자녀 교육보다 과정 자체를 소중하게 생각할 수 있는 훈육을 시키는 것이 더욱 중요하다."

모쪼록 이 책으로 인해 독자들 모두 수학공부가 즐거워지고, 그것이 자양분이 되어 복잡한 현대사회를 슬기롭게 살아갈 수 있는 수학적 사고력이 부쩍 자라 있기를 기대합니다.

박성일

CONTENTS

제3부 특별한 수

제1장 피보나치 수

제2장 페르마형 소수

제3장 오일러의 수

제4장 가우스 수

제5장 초한수

제1부
수의 체계

수의 기원이 되는 자연수

1. 1대1 대응

먼 옛날, 사람들은 자신이 가지고 있는 물건을 어떻게 헤아렸을까요? 여러 마리의 양을 키우는 한 고대인이 있었습니다. 이 양치기는 양들을 들판으로 데리고 나갈 때 양이 한 마리씩 나갈 때마다 "양 하나 돌 하나", "양 하나 돌 하나" … 하고 외치면서 작은 돌멩이를 하나씩 주머니에 넣었습니다. 양들이 모두 나가면 그 수만큼의 돌멩이가 주머니에 들어 있어 수북해졌습니다. 이런 식으로 하면 양의 수가 돌멩이의 수와 똑같아서 양을 관리하기에 편했던 것이지요.

그러다 해가 저물어 양들이 우리로 돌아오면 그는 다시 "양 하나 돌 하나", "양 하나 돌 하나" … 하면서 주머니 속에 들어 있던 돌멩이를 하나씩 꺼냅니다. 이 과정에서 돌멩이가 남으면 그 수만큼의 양이 길을 잘못 들어 헤매고 있는 것이고, 반대로 돌멩이가 모자라면 엉뚱한 몇 마리가 우리 양들을 따라 들어왔음을 알 수 있었지요.

이런 방식의 계산법을 수학에서는 '1대1 대응'이라고 합니다. 이렇듯 고대인들은 숫자가 없어서 자기가 기르는 양이 몇 마리인지는 몰라도 1대1 대응을 이용해 자신 소유의 양이 모두 돌아왔는지 아닌지는 알 수 있었답니다.

'계산하다'란 뜻을 가진 영어 'Calculus'도 '돌을 세다'란 라틴어 '칼쿨라투스Calculatus'에서 유래했다는데요. 낱말 자체에 '돌'이란 뜻이 담겨 있는 사실에서 고대인들이 수를 센 방식을 짐작할 수 있습니다.

2. 탤리Tally

시간이 흘러, 인구가 증가하고 사람들이 모여 살게 되면서부터 나에게 남아있는 잉여 물품을 남에게 주는 대신 부족한 물품을 얻는 물물교환 시대가 도래합니다. 이때부터 그들은 물건을 세는 방식을 근본적으로 바꾸어야 했습니다. 이전처럼 '개수가 맞는지 안 맞는지'의 개념으로는 타인과 거래를 할 수가 없었기 때문이지요.

그래서 그들은 동물 뼈나 나무막대기에 자신이 가진 물건의 수만큼 눈금을 새겨 표시하기 시작합니다. 오늘날 이것을 '탤리Tally'라 부르는데요. 이렇게 해서 사람들은 내 것이 다른 사람의 것보다 많은지 또는 적은지를 알 수 있었답니다. 실제로 체코에서 발견된 늑대 뼈에는 3만 년 전으로 추정되는 눈금이 새겨져 있고, 1960년 나일 강의 발원지인 콩고민주공화국의 이상고Ishango 마을에서는 달의 차고 기울어짐을 기록하기 위해 표시한 것으로 추정되는 빗금들이 보이는 2만5천 년 전의 뼈 화석이 발견되었습니다.

고대인들은 이런 계산을 수없이 반복하는 중에 '몇 마리', '몇 사람', '몇 개' 등과 같이 '몇How many'에 해당하는 구체적인 수를 생각하기 시작합니다.

3. 자연수의 출현

타인과의 거래 행위가 빈번해지면서 자연스레 수에 대한 관심이 비례함에 따라 수를 세는 법도 덩달아 발전하는데요. 이때부터 사람들은 수를 '말'이나 '손짓'만으로 표현하는데 한계가 있음을 알게 되었고, 또한 말과 손짓은 표현하는 순간뿐이지 오랫동안 남겨둘 수 없음을 깨닫게 됩니다. 그 결과 사람들은 일정한 모양의 돌멩이나 끈을 사용하여 숫자를 만들게 되는데, 대표적인 사례가 5천 년 전 페르시아만 근처에 살던 수메르 인들이 만든 '칼쿨리Calculi'입니다. 그들은 칼쿨리라는 이름을 가진 다양한 모양의 돌을 만들어 사용함으로써 여러 가지 숫자를 나타냈습니다.

이렇게 해서 숫자를 표시하던 인류가 점점 더 다양해지고 많아지는 수와 계산, 그리고 그 결과를 오래 간직해야 할 필요성을 느끼면서 수를 문자로 표현해야겠다는 생각을 하게 되었고, 마침내 숫자를 발명하게 됩니다. 다만 당시 사람들은 없는 물건은 굳이 셀 필요가 없다보니 셀 수 있는 것만 표현하기 위해 1, 2, 3, 4 … 같은 숫자만을 만들었습니다. 이것이 '자연수Natural Number'입니다.

자연수는 수의 발생과 동시에 존재한 가장 간단한 수이자, 말 그대로 '자연에 존재하는 그대로Natural의 사물의 개수를 표현하는 수Number'입니다. 사실 자연에는 음수나 분수는 존재하지 않고 그냥 하나, 둘, 셋, 넷 … 등 셀 수 있는 개체만 존재합니다. 사과 한 개 두 개 세 개 …, 소 한 마리 두 마리 세 마리 …, 수레 한 대 두 대 세 대 …, 학생 한 명 두 명 세 명 …, 집 한 채 두 채 세 채 등으로 말입니다. 인간이 사과 두 개, 소 두 마리, 수레 두 대, 학생 두 명, 집 두 채 사이에 공통적으로 있는 '둘Two'을 추상화시켜 '2'라는 숫자 개념으로 만들어낸 수가 자연수입니다.

따라서 자연수는 자연에 존재하는 사물의 개수를 세려고 만든 수이긴 하지만, 눈으로 볼 수 있는 구체적이고 특정화된 물건이 아니라 인간의 사고 과정을 통해 창조된 추상적이고 일반화된 개념이라 할 수 있습니다. 아울러 이제부터 설명하려는 많은 새로운 수들, 즉 자연수보다 이해하기 어려운 수들 역시 추상적이고 일반화된 개념에 따라 만든 수라는 사실을 명심할 필요가 있겠습니다.

4. 자연수를 표기하는 다양한 형태의 표기법

고대인들이 자연수 개념을 정립했지만, 이를 실생활에 사용하는 방식에서는 나라마다 다양한 형태로 나타났습니다. 쉽게 말해 사과가 1개이면 우리는 '하나'라 하고, 미국인은 '원One', 프랑스인은 '엥Un'이라고 합니다.

그러면 각 나라별로 자연수를 표기하는 방법을 간단히 알아볼까요?

1) 고대 메소포타미아

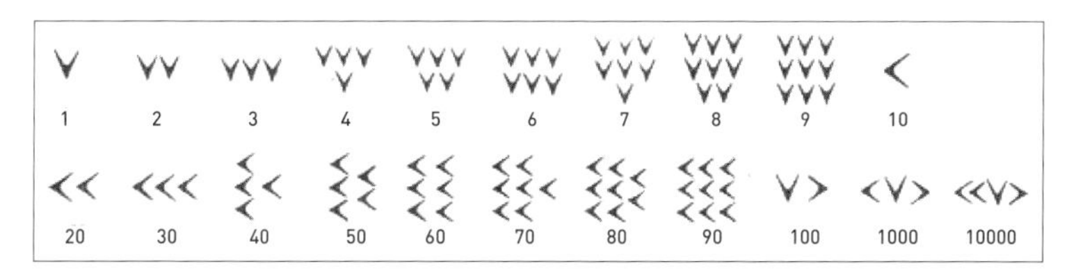

최초의 숫자는 메소포타미아 지역의 바빌로니아에서 점토판에 쐐기 모양으로 쓴 설형문자인데요. 이것은 이전의 원시 숫자와는 확연

히 구별되는 일종의 기호로 표현한 숫자입니다. 그리고 또 하나 특이점은 그들이 60진법을 바탕으로 기수법의 원리를 도입했다는 사실입니다.

2) 고대 이집트

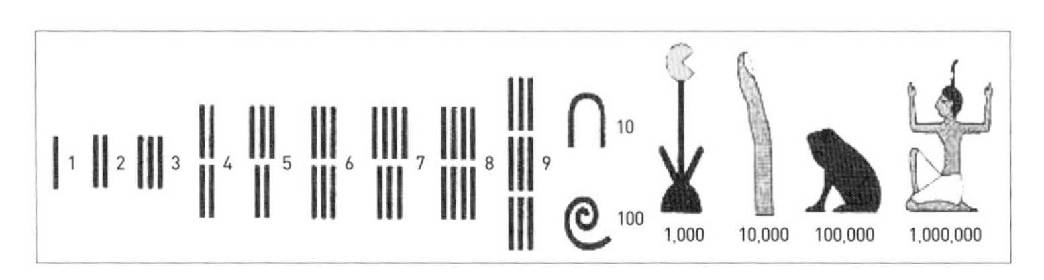

그와 달리 이집트인들은 사물의 형상을 본뜬 상형문자로 숫자를 나타냈는데요. 이 숫자는 처음부터 1백만이 넘는, 당시로서는 엄청나게 큰 수까지 나타낼 수 있었답니다. BC 3500년경 제작된 '왕의 곤봉머리'에 새겨진 아래 그림을 보면 고대 이집트인들의 숫자 능력을 알 수 있는데요. 그들은 한 전투에서 120,000명의 포로와 소 400,000마리, 염소 1,422,000마리를 사로잡았다고 합니다.

'왕의 곤봉머리'는 19세기 말에 발굴되어 영국 옥스퍼드 대학교의

애쉬몰리언 박물관에 진열되어 있는 고대 이집트 왕의 장식 곤봉 3개 중 하나인 '파라오 나르메르Narmer의 곤봉머리'를 말하는데, 25cm 남짓인 머릿돌에 새겨져 있는 다양한 무늬를 꼼꼼하게 연구해서 이 사실을 밝혀냈다고 합니다.

이집트 숫자를 살펴보면 '막대기 모양'을 '1'이라 부르고, 9까지는 그것을 하나씩 늘려가며 수를 나타냈습니다. 그리고 '10'은 한 자릿수를 나타낸 막대를 구부려 나타낸 것 같은 '말발굽 모양' 또는 '발뒤꿈치 뼈'처럼 생겼습니다. '100'과 '1,000'은 사물의 모양을 본떴는데요. '100'은 야자나무의 잎에 작은 잎이 많이 달려 있는 모습을 본뜬 '새끼줄 모양'이고, '1,000'은 이집트 강에 많이 있는 '연꽃 모양'을 본뜬 것입니다. '10,000'은 집게손가락이란 해석도 있지만 오히려 '나일 강변에 자라는 갈대인 파피루스의 싹'이라는 주장이 더 설득력 있어 보입니다. 끝으로 '100,000'은 '새 또는 올챙이' 모양이고, '1,000,000'은 아주 큰 수여서 '놀라서 손을 번쩍 든 사람' 모양이라고 합니다.

3) 잉카 제국

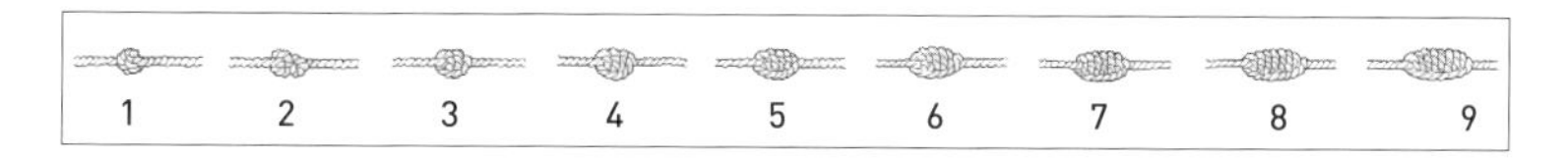

15~16세기에 번성한 남미의 잉카 제국은 결승문자를 사용했습니다. 이것은 굵은 끈에 여러 줄을 달고, 또 그 줄에 보조 줄을 단 다음에 그것에 만든 매듭의 크기와 위치를 달리해서 숫자를 표시합니다.

4) 기타

그 밖에도 아래와 같이 고대에 발명된 다양한 형태의 숫자들이 있습니다.

구분													
고대 그리스	Ι	Γ	Δ	𐅄	Η	𐅅	Χ	𐅆	Μ	𐅇			
	1	5	10	50	100	500	1,000	5,000	10,000	50,000			
로마	I	II	III	IIII	(IV)	V	VI	VII	VIII	VIIII	(IX)		5,000 ↁ
	1	2	3	4	(4)	5	6	7	8	9	(9)		
	X	XI	XII	XV	XX	XXX	XL	L	LX	LXX			10,000 ↂ
	10	11	12	15	20	30	40	50	60	70			50,000 ↇ
	XC	C	CC	CD	D	DC	CM	M	MM				
	90	100	200	400	500	600	900	1,000	2,000				100,000 ↈ
중국	一	二	三	四	五	六	七	八	九	十	百	千	萬
	1	2	3	4	5	6	7	8	9	10	100	1,000	10,000
우리나라	하나	둘	셋	넷	다섯	여섯	일곱	여덟	아홉	열			
	1	2	3	4	5	6	7	8	9	10			
	스물	서른	마흔	쉰	예순	일흔	여든	아흔	온	즈믄			
	20	30	40	50	60	70	80	90	100	1,000			

5. 인도-아라비아 숫자의 등장

이렇게 나라별로 다르게 만들어진 숫자가 사용되다가 500~800년경 인도에서 오늘날 우리가 사용하는 숫자 체계가 완성되는데요. 흔히 '아라비아 숫자'라고 부르는 이것은 아라비아에서 만들어진 것이 아니라 인도에서 만들어진 것입니다. 하지만 오늘날 우리가 이처럼 편리한 숫자를 사용할 수 있게 된 데는 아라비아인의 공이 큽니다. 인도 숫자가 처음 이슬람 세계에 소개되고, 다시 1200년경 유럽으로 전파될 때까지 아라비아인들은 이 숫자를 보존하고 발전시켰기 때문입니다. 따라서 이 숫자는 엄밀히 말해 '인도-아라비아 숫자'라고 해야 합니다.

그러면 '인도-아라비아 숫자'는 언제 만들어졌을까요? 이들 가운데 가장 먼저 발견된 숫자는 1, 4, 6으로서 BC 3세기경 마우리아 왕조 아쇼카 왕의 사상과 업적을 적어놓은 석문石文에서입니다. 그 후 BC 2세기경 만들어진 나나 가트Nana Ghat의 석문에서 2, 7, 9가, 1~2세기경의 나시크Nasik 동굴에서는 3과 5가 추가로 발견됩니다. 그러다가 650년경 메소포타미아 지역인 시리아에 살던 세복트Severus Sebokt 주교主教가 작성한 글에 처음으로 1부터 9까지의 9개 숫자가 모두 등장합니다.

또한 인도의 승려이자 수학자인 브라마굽타Brahmagupta가 628년에 쓴 『천문학 개론서』가 766년 이라크 바그다드의 통치자인 알 만수르Al-Mansur에게 전달됐으며, 이 책에 자극받아 그는 '지혜의 집'이란 교육기관을 설립하고 학자 양성에 힘썼습니다. 그로부터 60여 년이 지난 825년 알콰리즈미Al-Khwārizmī란 페르시아계 수학자가 쓴 『인도 숫자를 이용한 계산법』에 등장하면서 이슬람 세계에 본격적으로 소개됐습니다.

당시 사람들은 1에서 9까지의 숫자를 표기하기 위해 '직선이 만들어낸 각의 수'에 대응하는 새로운 방식의 표기법을 도입했는데요. 이렇게 만들어진 표기법이 다음 페이지의 그림이며, 이 방식에 맞추기 위해 기존의 인도 숫자에 몇 개의 선을 추가하기도 했습니다.

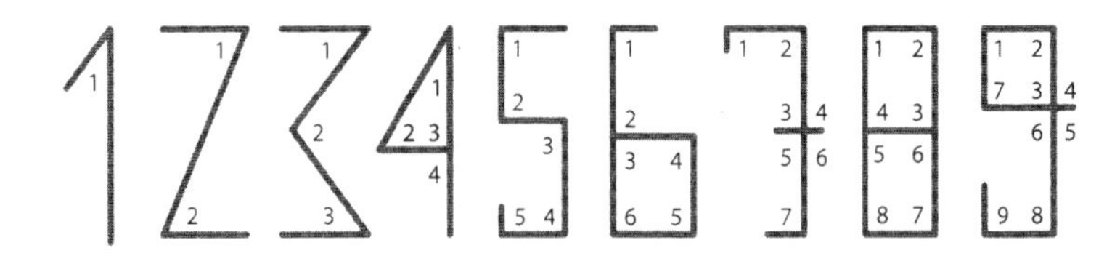

인도-아라비아 숫자 체계는 1,000년경 에스파냐의 무어 족이 유럽으로 가져갔고, 이탈리아 수학자 피보나치Leonardo Fibonacci가 1202년 발간한 『주산서Liber Abaci』를 통해 본격적으로 유럽에 알려집니다. 그는 책의 첫머리에 이렇게 썼습니다.

"인도의 아홉 숫자는 9, 8, 7, 6, 5, 4, 3, 2, 1이다. 아랍에서는 이 아홉 개 숫자에 0이라는 기호를 더해 어떤 수도 자유로이 표기할 수 있는 기수법을 쓰고 있다. 이 방법은 지금까지 사용하던 로마 기수법보다 훨씬 우수하다."

이렇게 해서 유럽에 도입된 인도-아라비아 숫자는 세력권을 확장하다가 16세기경 세계적으로 확실히 자리를 잡았고, 또한 나름대로 진화하여 현재의 수 기호로 완성됐습니다. 다시 말해 인도-아라비아 숫자는 숫자 0이 발명되어 위치적 기수법을 바탕으로 하는 10진법 체계를 갖추면서 더욱 빛을 발하게 됩니다.

자연수의 불편함이 만들어낸 정수

1. 음수

1) 음수의 필요성

자연수만 사용하던 사람들은 언제부터인가 그것만으로는 불편하다고 생각하게 됐는데요. 한 가지 사례를 들어보겠습니다. 내가 친구 갑돌이에게 달걀을 5개 꾸어주었습니다. 그런데 내가 필요할 때 갑돌이가 갚지 않아 할 수 없이 갑순이에게서 6개를 꾸어왔습니다. 갑돌이에게 빌려준 달걀을 받아 갑순이에게 갚으면 나에게 남는 빚은 분명 1개인데, 이를 계산할 방법이 없었습니다. 그래서 만들어진 수가 '음수Negative Number'입니다. 우리는 이 상황을 '5 − 6 = −1'이란 등식으로 간단히 표기할 수 있습니다.

2) 동양의 음수 개념

음수 개념은 동양에서 먼저 발달했습니다. 음수는 BC 2세기경 한漢나라에서 발간되어 최고最古의 동양수학서로 꼽히는 『구장산술九章算

術』에 등장할 만큼 역사가 깊은데요. 주역 사상의 핵심인 음양론陰陽論 덕분에 동양에서는 일찍부터 음수를 이해할 수 있었답니다.

우리나라의 태극기에도 적색과 청색이 조화를 이루면서 어울려 있는데요. 태극의 적색은 '해[日]'와 '양陽'을 뜻하고, 청색은 '달[月]'과 '음陰'을 상징합니다.

『구장산술』의 제8장 「방정장方程章」에는 덧셈과 뺄셈을 자유자재로 활용한 연립 1차방정식 문제가 나옵니다. 그런데 풀이과정을 보면 당시 계산에 이용된 보조도구인 '산목'을 나열하여 양수와 음수를 구별했다고 합니다.

참고로, 산목算木은 '산가지'라고 부르기도 하는 짧은 나무막대로서 윷놀이에 사용되는 윷과 비슷한데요. '양수'를 나타내는 것은 표면에 석색赤色을, '음수'를 나타내는 것은 흑색黑色을 칠해 사용했다고 합니다. 여기서 유래한 경제 용어가 '흑자黑字'와 '적자赤字'인데요. 지금은 흑자가 '이익'을, 적자가 '손해'를 의미하기 때문에 그 뜻이 바뀌어 사용되고 있답니다.

3) 아라비아의 음수 개념

동양의 음수 개념은 7세기경 아라비아로 흘러갔으며, 브라마굽타는 양수와 음수를 자산資産(+)과 부채負債(−), 그리고 방향에 대한 반대 개념으로 사용하는 한편, 음수의 사칙연산과 관련된 계산법을 기록해 남기기도 했습니다.

4) 유럽으로의 전파

이 과정에서 얼마간 개념이 정리된 음수는 15세기에 아라비아 상인을 통해 유럽에 퍼졌고, 점차로 수학자들에게까지 전해졌는데요. 하지만 처음에는 이 수를 거부한 수학자가 많았습니다. 이는 고대 그리스 수학자인 디오판토스Diophantos 때문이었습니다. '답이 음수인 방정식은 풀 수 없다'는 그의 지론이 천 년 이상 흐른 당시까지 유럽 수학계를 지배하고 있었기 때문이지요. 그래서 1541년 독일의 수학자 슈티펠Michael Stifel은 "음수는 0보다 작다. 하지만 이는 말도 안 되는 것"이라 혹평했고, 프랑스의 유명한 수학자이자 철학자인 파스칼Pascal조차도 대표작『팡세Penseés』에서 "0에서 4를 빼면 0인 사실조차 이해하지 못하는 사람들이 있다"는 기록을 남겼습니다.

여기서 잠깐 음수에 관한 흥미로운 논쟁을 살펴보겠습니다. 파스칼의 친구였던 아르노Antoine Arnauld는 '$-1 : 1 = 1 : -1$'을 받아들이지 못했습니다. 그는 '-1이 1보다 작다'고 전제한 다음, "작은 것과 큰 것의 비比가 어떻게 큰 것과 작은 것의 비比와 같을 수 있는가?"라고 물었습니다. 물론 파스칼은 이 물음에 답을 못했고, 대신 1세기 가까이 지나 프랑스 계몽시대를 대표하는 철학자 달랑베르Jean d'Alembert가 "답이 음수로 나오는 문제는 틀린 가정을 옳다고 생각했기 때문이다"는 지금 기준에서 생각하면 엉터리 답을 내놓았을 뿐입니다.

반면, 음수를 인정하는 수학자들도 점차 등장했는데요. 수학자로는 최초로 알베르 지라르Albert Girard가 음수를 해답으로 받아들였고, 그 다음으로는 1545년 3차방정식 일반해법의 공식을 발견한 이탈리아 수학자인 카르다노Girolamo Cardano가 방정식의 음수근을 인정했습니다. 그리고 100여 년이 흐른 뒤 프랑스의 철학자이자 수학자인 데카르트Descartes가 음수를 수직선 위에 표시하는 방법을 찾아냄으로써 음수는 수의 체계를 이루는 한 부분으로 당당히 인정받게 됩니다.

그러면 잠시 데카르트가 음수를 수직선 위에 표시한 방법을 살펴볼까요?

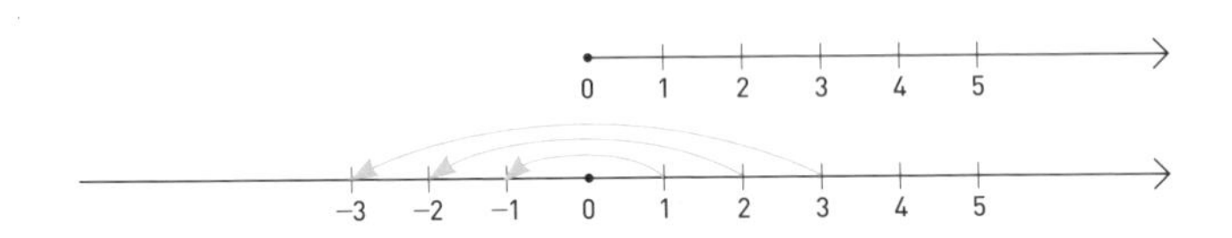

위의 그림에서 알 수 있듯이 그는 당시까지 알려져 있던 0에서 오른쪽으로 갈수록 점점 커져가는 자연수만의 수직선을 반대편으로 확장시켜 0을 중심으로 하여 동일한 간격으로 1과 −1, 2와 −2, 3과 −3을 각각 1대1로 대응시키는 간단한 방법을 찾아냈던 것입니다.

마침내 18세기 최고의 수학자로 꼽히는 오일러Euler는 『대수학의 완전한 입문』에서 음수와 관련하여 먼저 '−b = b만큼 빼는 것'과 '+b = b만큼 더하는 것'의 개념을 만들었습니다. 그리고 그는 다시 '빚을 갚는 것은 선물을 주는 것과 같다'는 비유를 통해 '−b를 뺀다는 것은 b를 더하는 것'이라는 음수의 연산법을 확산시키는데 큰 기여를 했습니다.

2. 0 Zero

1) 위치적 기수법

이처럼 힘든 과정을 거쳐 탄생한 음수는 '0'이란 숫자 없이는 그 의미가 반감될 수밖에 없는데요. 양수와 음수의 어느 쪽에도 속하지 않으면서 가운데를 정확히 표시할 기준이 필요하기 때문이지요.

'0'의 개념은 인도에서 시작됐습니다. 일부에서는 인도보다 수백년 전에 바빌로니아나 고대 마야 문명에서 0을 사용했다고 주장하지만, 인도와 아라비아 수학자들의 업적은 0을 '비어 있음'을 뜻하는 기호가 아니라 엄연한 하나의 숫자로 받아들였다는 점입니다.

'0'의 가치를 깨닫기 위해서는 먼저 '위치적 기수법'을 이해해야 합니다. 인도-아라비아 숫자 이전에 각 나라에서는 '456'이란 숫자를 어떻게 표기했을까요? 아마도 다음과 같이 길게 써야만 했을 것입니다.

이집트	𓍢𓍢𓍢𓍢𓎆𓎆𓎆𓎆𓎆𓏺𓏺𓏺𓏺𓏺𓏺
그리스	ΗΗΗΗ𐅄ΓΙ
로마	C C C C L VI
중국	四百五十六
인도-아라비아	456

다른 숫자들과 비교할 때 인도-아라비아 숫자의 우수성은 한눈에 드러납니다. 하지만 이들 사이에는 또 다른 차이점이 있습니다, '456'을 로마 숫자로 표기하려면 CCCCLVI로 해도 되고, 아니면 VILCCCC

로 하든지 또는 LVICCCC 등 다양한 방법이 있습니다. 이는 C가 어디에 있건 항상 '백'을 뜻하고, L은 '오십', VI는 '육'을 뜻하기 때문입니다.

우리나라 숫자로 표현해도 '넷온 쉰 여섯'이 일반적이겠지만, 굳이 '쉰 여섯 넷온'이나 '여섯 넷온 쉰'이라고 해도 틀린 표현은 아닙니다. 다만 순서가 뒤죽박죽이어서 단번에 이해하기가 어려울 뿐이지요. 반면에, 인도-아라비아 숫자로는 456 외에는 표현할 방법이 없습니다. '564'는 '오백육십사'이고, '465'는 '사백육십오'이기 때문입니다.

우리는 이 두 종류의 숫자 체계의 차이를 구별하기 위해 이집트, 그리스, 로마, 중국, 우리나라 숫자 식의 기수법을 가리켜 '절대적 기수법'이라 하고, 인도-아라비아 숫자와 같은 기수법을 '위치적 기수법'이라 부릅니다.

마지막으로, 우리가 실생활에서 숫자를 계산할 때도 인도-아라비아 숫자는 절대적 기수법 체계의 숫자와는 비교할 수 없을 만큼 편리합니다. 다른 수 체계는 간단한 수의 덧셈이나 뺄셈에는 편리할지 모르지만 조금 큰 수를 계산할 때는 아주 불편하고 어렵습니다.

예를 들어, 로마 숫자 XI + XII = XXIII과 같이 간단한 덧셈은 앞에 있는 개수 대로 숫자를 더 그리기만 하면 됩니다. 하지만 138 + 4267을 로마 숫자로 계산한다면 덧셈은 고사하고 일단 138과 4267을 표기하는 것만도 까마득할 것입니다. 그러니 덧셈보다 더 복잡한 곱셈이나 나눗셈은 아예 불가능하다고 보아야 합니다.

인도-아라비아 숫자로 '1111'이라고 쓰면, 첫 번째 1은 '천', 두 번째 1은 '백', 세 번째 1은 '십', 네 번째 1은 '일'을 의미합니다. 즉 같은 숫자라도 어느 자리에 있느냐에 따라 그 값은 달라지는 것입니다. 이는 큰 수나 작은 수를 표기하는데 있어 아주 편리할 뿐만 아니라, 계산을 쉽게 해주는 획기적인 아이디어였습니다. 인도-아라비아 숫자가 고대의 많은 숫자 체계들을 물리치고 오늘날 세계 공통으로 사용되는 이유도 편리하기 때문입니다.

하지만 인도-아라비아 숫자도 '0'이 없었다면 이렇게 편리한 위치적 기수법을 적용할 수 없었을 것입니다. 따라서 이제부터는 위치적 기수법을 바탕으로 하는 진법 체계에 대해 공부하기로 합시다.

2) 진법

일단 다음 표를 살펴본 후에 이야기를 이어나가도록 하겠습니다.

10진법									
0	1	2	3	4	5	6	7	8	9
10	11	12	13	14	15	16	17	18	19
				.					
				.					
				.					
90	91	92	93	94	95	96	97	98	99
100	101	102	103	104	105	106	107	108	109
110	111	112	113	114	115	116	117	118	119

위치적 기수법의 대표적인 예가 '10진법'입니다. 한 자리 숫자인 0에서 시작하여 1, 2, 3, 4, 5, 6, 7, 8, 9로 점점 1씩 커지다가 9에서 1이 커지면 두 자리 숫자인 10이 됩니다. 다시 11, 12, 13, … 19로 이어지다가 1이 더 커지면 20이 되고, 이어서 30, 40, … 89, 90, 91,

92, … 99가 되었다가 다시 1이 커지면 이제부터는 세 자리 숫자인 100이 되는 기수법을 말하는 것입니다.

따라서 10진법을 이루기 위해서는 한 자리 숫자가 10개 있어야 합니다. 그래서 0부터 9까지 10개의 숫자가 만들어진 것이지요.

2진법		12진법											
0	1	0	1	2	3	4	5	6	7	8	9	A	B
10	11	10	11	12	13	14	15	16	17	18	19	1A	1B
100	101						·						
110	111						·						
1000	1001						·						
		90	91	92	93	94	95	96	97	98	99	9A	9B
		A0	A1	A2	A3	A4	A5	A6	A7	A8	A9	AA	AB
		B0	B1	B2	B3	B4	B5	B6	B7	B8	B9	BA	BB

마찬가지로 '2진법'은 0과 1이라는 2개의 숫자로 이루어진 기수법입니다. 역시 한 자리 숫자 0에서 시작해 1이 되었다가 다시 1이 커지면 이제는 두 자리 숫자인 10, 다시 1이 커지면 11이 되었다가 또 다시 1이 커지면 이제는 세 자리 숫자 100으로 바뀌지요.

그렇다면 '12진법'인 경우 한 자리 숫자가 몇 개나 필요할까요? 당연히 12개가 필요할 것입니다. 그런데 우리는 10진법에서 사용되는 인도-아라비아 숫자를 그대로 빌려서 사용하다보니 10개밖에 되지 않아 또 다른 한 자리 숫자 2개를 만들어야 합니다. 그래서 보통은 영어 알파벳에서 A와 B를 빌려와 11번째와 12번째 한 자리 숫자로 사용하고 있는 것이지요.

이 논리를 비약시키면 '60진법'을 표시하기 위해서는 60개의 한 자리 숫자가 필요하겠습니다.

그러면 여러분에게 묻겠습니다. 우리가 숫자를 사용하기에는 '2진법'이 편리할까요, '10진법'이 편리할까요?

첫째, 자릿수가 커지는 측면에서는 10진법이 편리할 겁니다. 10진법의 숫자 개수는 2진법 숫자의 5배이므로 2진법보다 $\frac{1}{5}$의 속도로 자릿수가 커질 테니까요. 앞 페이지의 표만 보더라도 바로 이해가 되지요? 10진법의 '4'에 해당하는 한 자리 숫자가 2진법에서는 '100'으로 세 자리 숫자가 되었으니까요. 반면 2진법은 2개의 한 자리 숫자만 외우면 되지만, 10진법은 10개의 한 자리 숫자를 외워야 하니 이 점에서는 오히려 2진법이 편리하겠지요?

그래서 각 진법마다 장·단점이 있답니다. 10진법은 사람의 손가락 수와 같아 손가락을 이용해 계산할 수 있어 편하게 느껴지므로 세계적으로 확산되었고, 2진법은 전기의 공급과 차단을 인도-아라비아 숫자 1과 0으로 각각 1대1 대응시킬 수가 있어 컴퓨터에 사용되는 기수법이 되었던 것이지요.

다만 5천 년 전 고대 바빌로니아에서는 60진법을 사용했다는데요. 한 자리 숫자 60개를 외워서 자유자재로 활용하려면 적잖은 노력이 필요했기에 특수 계층에서만 사용할 수밖에 없었고, 그래서 지금은 '시간'을 표시하는 특별한 경우에만 사용되고 있지 않나 싶네요.

3) 0의 가치

위에서 보았듯이 모든 진법에는 반드시 0이 끼어 있는데, 이 0은 도대체 무슨 역할을 하는 걸까요?

0은 '자릿값의 원칙'을 가능하게 하는 수입니다. 한 자리 수에서 두 자리 수로 올라갈 때, 예를 들어 9에서 최초의 두 자리 수로 올라갈 때 1 뒤에 0이 붙음으로써 10이라는 두 자리 숫자가 가능합니다.

그런데 만약 0이 없다면 10에 해당하는 새로운 숫자를 만들어야 할 테고, 마찬가지로 11에 해당하는 새로운 숫자, 12에 해당하는 숫자 등 1씩 늘어날 때마다 끊임없이 새 숫자를 만들고 또한 외우느라 사람들은 아무 일도 하지 못할 겁니다. 그런데 0이 있어 0, 1, 2, 3, 4, 5, 6, 7, 8, 9 다음에 다시 10, 11, 12, 13, …, 19 다음, 다시 20, 21, 22, … 99 다음, 이제부터는 다시 세 자리 수인 100, 101, 102, … 등으로 표시할 수 있는 기수법이 가능할 수 있었던 것입니다.

이렇듯 '0'이 빈자리를 채워주는 숫자 표기 방식은 새로운 수를 만들지 않고서도 오로지 0부터 9까지의 10개 숫자만으로도 얼마든지 큰 수를 표기할 수 있는 장점이 있습니다.

0은 이 외에도 전혀 다른 두 숫자를 구별하는 역할도 합니다. 여러분은 '101'과 '11'이라는 두 숫자의 차이를 구분할 수 있습니다. 하지만 0이 없다면 이 두 수를 어떻게 표기할 수 있겠습니까?

사실 위치적 기수법이 처음 개발됐을 때 '0'을 나타내는 기호는 없었습니다. 인도에서는 지금의 '0' 대신 '공空'을 뜻하는 불교 용어 '슈냐Shûnya'를 사용했으며, 7세기 인도 수학자들은 10진법 체계에서 '숫자가 없는 것을 나타내는 단어'를 표현하기 위해(예를 들어 305, 35, 350 같은 수들의 혼돈을 피하기 위해) 그 자리를 점(·)으로 표시했습니다.

인도 숫자에 대한 가장 오래된 기록은 위에서도 언급했듯이 시리아의 세복트 주교가 650년경 쓴 기록인데요. 거기에는 "계산은 아홉 개의 기호로 한다"는 설명과 함께 9개의 인도 숫자가 소개되어 있습니다.

그러다 9세기에 들어와 점(·)은 기호 '0'으로 발전하는데요. 최초 기록이 876년 인도의 괄리오르에 있는 차투르부즈Chaturbhuj 신전에 바친 공물의 양인 270을 기록한 석비石碑입니다.

하지만 0을 수 체계의 일부로 받아들여야 하는지 망설인 흔적은 그 전의 기록에도 보입니다.

수로 추정되는 0에 대한 최초 문헌은 550년경의 천문학서 『판차 싯단티카Pancha Siddhantica』이며, 브라마굽타는 0이 포함된 사칙연산을 정의하려고 시도했습니다. 그의 주장에 따르면 덧셈과 뺄셈은 전혀 문제될 것이 없고, 0을 곱하면 어떤 수든 0이 됩니다. 그러나 나눗셈은 문제가 있었습니다. 그는 '0을 0으로 나누면 0이 된다'고 잘못 적었으며, $\frac{0}{2}$이나 $\frac{0}{3}$ 같은 분수는 답을 얻지 않고 그대로 쓰는 대신, 그 값은 0으로 간주하여 각종 계산에 활용했습니다.

또한 자이나교 수학자 마하비라Mahavira도 800년에 "한 숫자에 0을 곱하면 0이 되고, 한 숫자에서 0을 빼도 결과는 원래 숫자가 되므로 0도 다른 것과 마찬가지로 숫자"라고 설명했습니다. 하지만 "어떤 수를 0으로 나눠도 그 수가 변하지 않는다"고 잘못 설명하거나 "0의 제곱근은 0"이라고 하는 등 당시까지만 해도 0에 대한 개념이 명확하지 못하다가, 12세기 인도의 대표 수학자 바스카라Bhaskara에 이르러서야 비로소 "0으로 나누면 비시누 신처럼 무한한 값이 나온다"는 개념으로 정립됐습니다.

이렇게 완성된 인도의 10진법은 아라비아를 거쳐 유럽으로, 또한 동쪽의 중국으로도 전파됐던 것입니다. 따라서 숫자 0이 만들어지지 않았다면 인도-아라비아 숫자가 아무리 대단하더라도 그 가치는 반감될 수밖에 없었을 겁니다.

4) 그리스 수학에서 0의 존재

이쯤에서 우리는 '수학의 본고장이나 다름없는 고대 그리스에서는 왜 0을 의미하는 기호나 숫자가 만들어지지 않았을까?' 하는 궁금증이 생깁니다. 이제부터 고대 그리스에서 '0'이 존재할 수 없었던 이유를 추적해봅시다.

그리스를 중심으로 한 서양에서 0을 거부한 것은 0을 몰랐기 때문이 아닙니다. 기하학 위주의 그리스 수학에서는 숫자와 도형 사이에 엄격한 구분이 없었습니다. 하나의 수학적 정리를 증명하는 것은 하나의 그림을 그리는 일처럼 간단했습니다. 숫자 1은 점, 2는 선분, 3은 삼각형, 4는 사각형을 의미했습니다. 이런 상황에서 사람들은 숫자 '0'의 필요성을 느낄 수 없었지요. 즉 그리스 수학에서는 0은 존재하지 않는 수나 마찬가지였던 것입니다.

또 다른 이유는 0이 서양의 기본적인 믿음에 위배되는 숫자였기 때문입니다. 0에는 기독교 교리와 모순되는 두 가지 개념이 있었습니다. 오랫동안 서양 사상을 지배한 아리스토텔레스 철학을 19세기에 들어와 파괴한 주범이 '무無'와 '무한無限' 같은 '0'의 존재를 전제로 하는 개념들이니까요.

우리에게 '아킬레스와 거북이의 경주'로 알려져 있는 '제논의 역설 Zenon's Paradox'은 0의 존재를 무시하여 생긴 해프닝입니다.

이 역설은 '아킬레스가 거북이보다 2배 빠르다고 하자. 거북이가

100m 앞에서 출발하면, 아킬레스가 100m 지점에 도착할 때 거북이는 50m를 더 가므로 150m 지점에 있게 된다. 또 아킬레스가 150m 지점에 도착하면 거북이는 175m 지점에 있게 되므로 아킬레스는 절대 거북이를 추월할 수 없다'는 내용입니다.

그런데 이 역설이 거짓인 것은 이 논리에 들어 있는 '무한' 개념을 착각했기 때문입니다. 제논은 연속적인 동작을 무한한 수의 작은 걸음으로 나누었습니다. 무한은 아주 신중하게 다루어야 하지만, 역설적이게도 0의 도움이 없다면 결코 이해할 수 없습니다.

무한 개수의 항들을 모두 더하면 무한한 값이 될 것이라고 생각하기 쉽습니다. 하지만 무한 개수의 합들이 0에 접근하면 유한값이 나오는 경우가 종종 있습니다. 그리고 이 경주가 바로 그런 경우에 해당하는 사례이지요. 하지만 그리스인들은 0의 존재를 무시했기에 종착점이 있다는 것을 이해하지 못했던 것입니다.

지금부터 그 이유를 직접 수치를 사용해 설명하겠습니다. 아킬레스가 달린 거리를 모두 합하면 100에서 시작해 50, 25, 12.5, 6.25, 3.125, 1.5625, …처럼 값들이 점점 작아져 0에 가까워집니다. 이를 식으로 표시하면 $100 + 50 + 25 + 12.5 + 6.25 + 3.125 + 1.5625 + \cdots = 200$이 됩니다. 즉 아킬레스가 달린 총거리는 200m에 불과하므로 거북이가 앞서 있던 거리만큼 한 번만 더 달리면 거북이를 이길 수 있습니다.

비록 거기까지 가기 위해 거북이와 아킬레스가 이론적으로는 무한한 수의 걸음을 내디뎌야겠지만, 실제로 아킬레스가 거북이를 추월하는 데는 100m 달리기의 2배 시간밖에 걸리지 않는 것입니다.

하지만 그리스 시대의 우주에는 무도 없고 무한도 없었으며, 오직 지구를 둘러싼 아름다운 천체만 존재할 뿐이었습니다. 당연히 지구는 우주의 중심이었으며, 이러한 기하학적 우주는 알렉산드리아의 천문학자인 프톨레마이오스Ptolemaios에 의해 완성되었습니다. 고대 그리스를 대표하는 철학자로서 소크라테스와 플라톤의 맥을 잇는 아리스토텔레스Aristoteles는 "자연은 진공을 싫어한다"고 주장함으로써 0을 인정하지 않았으며, 또한 "무한을 사용할 필요가 없다"고 선언함으로써 간단히 제논의 역설을 피해버렸습니다.

아리스토텔레스의 철학 체계는 신의 존재를 증명하는 문제와 밀접한 연관이 있어 기독교의 중심 사상이 되었습니다. 그리고 아리스토텔레스의 제자였던 알렉산더 대왕은 멀리 동쪽 인도에 이르는 광활한 지역을 정복하면서 스승의 교리를 전파했습니다. 그러다가 BC 323년 갑작스런 죽음으로 그의 제국은 여러 나라로 쪼개졌지만, 스승의 사상 체계는 알렉산더 제국보다 더 오래 지속되어 중세를 거쳐 16세기 엘리자베스 시대까지 유지됐습니다.

그때까지만 해도 유럽에서는 수와 도형, 순수 논리를 통해 질서정연한 우주를 창조함으로써 우주는 유리수 체계 위에 서 있었고, 아리스토텔레스 철학은 기독교와 결합하여 신의 존재를 증명하고 있었습니다.

하지만 0을 포함한 인도-아라비아 숫자가 유럽으로 전파되면서 상황은 급변합니다. 수의 세계는 무리수를 포함한 실수로 확장되고, 이는 다시 허수를 만들어내면서 복소수의 영역으로 확장됩니다. 또한 19세기 후반의 독일 수학자 칸토르Georg Cantor가 등장하면서 오늘날처럼 무한소와 무한대의 수학이 시작되고, 이때부터 '0'은 더욱 중요하고 결정적인 역할을 하게 됩니다.

이런 거창한 사례를 굳이 들지 않더라도 다음 경우만으로도 0의 발견이 수학사에서 얼마나 획기적인 사건인지 쉽게 알 수 있을 겁니다. '570304 + 2085096'을 '오십칠만삼백사 + 이백팔만오천구십육'으로 적어서 계산한다면 여러분은 과연 이 계산을 제대로 할 수 있을까요?

5) 0의 수학적 의미

오늘날 사용되는 '0'의 수학적 의미는 좌표 원점으로서의 0, 균형으로서의 0, 수로서의 0, 기호로서의 0 등 다양하지만 크게 다음 세 가지로 나눌 수 있습니다.

① 자릿값

이미 고대 바빌로니아, 이집트, 마야 문명에서 사용됐던 의미로서, 2085와 2805와 2850에서 0이 나타내는 값은 각각 '백'자리와 '십'자리와 '일'자리를 나타내는 숫자입니다. 만약 0이 아무 의미도 없는 수여서 있어도 그만 없어도 그만인 수라면 2085 = 2805 = 2850이 되는 모순이 생깁니다.

그리고 집합에서도 원소 0을 가진 유한집합 {0}과 원소가 하나도 없는 공집합 $\varnothing = \{\ \}$이 같은 집합이 되는 모순이 생깁니다.

이 외에도 0을 아무런 존재 가치가 없는 수로 여길 경우에 생기는 모순은 많습니다.

② 없음

7세기 인도에서 '무無로서의 0'이란 의미와 '동그라미 기호'가 확립되어 세계적으로 확산된 개념입니다. 사탕이 3개 있었는데 3개를 먹었다면 하나도 없는 것이다. 3 − 3 = 0

③ 기준점

수직선 위의 '기준점으로서의 0'을 의미하는 것으로 18세기에 들어와서야 널리 인정되기 시작했습니다.

일례로 온도계에서 0은 영상과 영하의 기온을 구별하는 기준이 되는데요. 0℃보다 낮은 영하 1℃는 −1℃, 영하 2℃는 −2℃로 나타내고, 0℃보다 높은 영상 1℃는 +1℃, 영상 2℃는 +2℃로 나타내는 것입니다.

3. 정수

'자연수'만으로 이루어진 가장 작은 규모의 수 체계는 '음수'와 '0'의 합류로 더 큰 규모의 체계를 갖추게 됩니다. 따라서 이렇게 변화된 모습에 어울리는 새로운 이름이 필요하게 되었는데요. 그렇게 해서 붙은 이름이 '정수整數, Integer'입니다. '整'은 '가지런하다, 정돈하다'는 뜻인데요. 한자 뜻만으로는 명확한 의미가 다가오지 않지요. 하지만 정수가 '正數', 즉 '올바른 수'는 아니라는 사실만큼은 명심하세요.

또한 정수 체계가 완성되면서 자연수인 '양수Positive Number'와 새로 만들어진 '음수Negative Number'를 구별해서 부를 필요도 덩달아 생깁니다. 그래서 '정수'라는 이름 앞에 각각 '양陽'과 '음陰'을 붙인 '양의 정수'와 '음의 정수'가 되었습니다. 그 결과 '자연수'는 '양의 정수'라는 이름을 하나 더 갖게 된 것이지요.

그러므로 '양의 정수', 즉 '자연수'는 인도-아라비아 숫자인 1, 2, 3, 4, 5, … 등으로 표기하고, '음의 정수'는 1, 2, 3, 4, 5, … 등의 앞에 음수 기호(-)를 덧붙여 −1, −2, −3, −4, −5, … 등으로 표기하면 됩니다.

참고로 나중에 수의 체계가 점점 확장되어 1.3과 $\sqrt{5}$, … 및 −1.3, $-\sqrt{5}$, … 등 분수나 소수, 심지어 무리수에서도 양수와 음수가 생겼기 때문에 '양의 정수'를 그냥 '양수'로, 마찬가지로 '음의 정수'를 '음수'로 부르면 혼란이 생길 수 있음을 유념하기 바랍니다.

나눗셈으로 인해 생겨난 분수와 소수

1. 분수

1) 분수의 개념

어느 날 철수가 학교에서 돌아오니 먹음직스런 사과가 1개 있기에 혼자 먹으려는 참에 형이 들어왔습니다. 아쉽지만 어쩔 수 없이 사과를 2등분하여 형과 나눠 먹었습니다. 다음날에 철수가 친구와 함께 집에 오니 이번에는 사과가 2개 있었습니다. 친구와 하나씩 먹으려는 찰나에 또 형이 들어왔습니다. 그래도 어제는 1개를 2등분하는 것이 쉬웠는데, 오늘은 어떻게 해야 세 사람이 공평하게 나눠 먹을 수 있을까요?

이렇듯 '분수Fraction'는 '숫자나 물건을 여러 조각으로 나눌分 때 이를 표시하기 위한 목적에서 만들어진 수'로서 정수 a를 0이 아닌 정수 b로 나눠 분자 a와 분모 b인 $\frac{a}{b}$로 나타낸 수를 말합니다.

참고로 '사과 1개를 2등분해 나누어 먹는다'는 말은 무슨 뜻일까요? 그 말은 '사과 1개를 똑같은 크기의 2조각으로 나눠 먹을 때 각자에게 돌아오는 몫의 크기'를 뜻합니다.

분수는 $\frac{1}{2}$, $\frac{1}{3}$, $\frac{3}{5}$, $\frac{7}{4}$ 등의 형태로 나타내는데요. 위에 있는 숫자를 '분자' 또는 '나누어지는 수(피젯수)'라 하고, 아래에 있는 숫자를 '분모' 또는 '나누는 수(젯수)'라고 합니다. 분자가 분모에 의해 등분이 되기 때문이지요.

$\frac{1}{2}$은 1이 2에 의해 등분, 즉 2등분이 되었다는 뜻이지요. 사과 1개를 2사람이 나눠 먹는 경우가 여기에 해당됩니다. 사과 1개가 2사람에 의해 등분, 즉 2등분 되었으니까요. 마찬가지로 $\frac{1}{3}$은 1이 3에 의해 등분, 즉 3등분된 것임을 알 수 있습니다.

그렇다면 $\frac{3}{5}$은 3이 5에 의해 등분, 즉 5등분된 것임을 알 수 있겠는데, 이를 다음과 같이 해석해도 되지 않겠습니까? 사과 3개를 5명이 나눠 먹는다고 할 때, 실제로 우리는 위의 설명대로 사과 3개를 동시에 5등분할 수 없습니다. 오히려 그 방법보다는 사과 1개를 5등분하여 나누고, 다시 1개를 5등분하여 나누고, 마지막 1개도 다시 5등분하여 나누는 방식입니다. 그리하면 5명은 각각 $\frac{1}{5}$씩을 3번 받았으니 $\frac{3}{5}$이 되는 것이지요. 따라서 $\frac{3}{5}$은 $\frac{1}{5} \times 3$으로 이해해도 된다는 것입니다. 즉 3을 5등분하는 것과 1을 5등분하여 3번 곱하는 것은 같다는 것이지요.

이 원리는 분수를 이해하는데 매우 중요합니다. 예를 들어 '50,000원을 네 사람이 나누어 가진다면 한 사람당 얼마씩 돌아갈까요?'라는 문제를 풀 때 50000을 4등분하는 $\frac{50000}{4}$으로 이해할 수도 있지만, 한 사람의 몫은 $\frac{1}{4}$이므로 $50000 \times \frac{1}{4}$로 이해해도 된다는 것이지요.

이 원리의 장점에 대해서는 제2부의 '제3장 분수'에서 상세히 설명하겠습니다.

2) 분수의 역사

분수의 역사는 생각보다 오래되었습니다. 최초의 문헌은 3,500년 전 이집트에서 쓴 것으로 보이는 '아메스 파피루스Ahmes papyrus'이니까요. 이 자료에는 수확한 곡식이나 물건을 여러 사람이 똑같이 나누는 데 필요한 나눗셈에 관한 식들이 실려 있답니다.

분수가 유럽에서 본격 사용된 시기는 16세기이지만, 중국에서는 3세기에 이미 사용되었다 합니다. 『구장산술』에는 분수를 사용한 문제를 소개하고, 분자와 분모라는 용어와 함께 이들을 약분하는 방법도 설명하고 있을 뿐 아니라, 분수를 읽는 방법까지 지금과 똑같이 제시되어 있습니다. 이처럼 분수는 서양보다는 오히려 동양에서 훨씬 먼저 시작됐음을 알 수 있습니다.

2. 소수

1) 소수의 개념

'분수의 또 다른 얼굴'이 '소수小數, Decimal'인데요. 한자대로 해석하면 '작은 수'라는 뜻입니다. 그렇다면 어떤 수가 작은 수일까요?

가장 작은 자연수는 1입니다. 그런데 사과 1개를 2사람이 나누어 먹으면 각각의 몫은 1개보다 작은 크기, 즉 $\frac{1}{2}$이 됩니다. 이렇듯 0보다는 크고 1보다는 작은 수를 표시하는 방법이 분수인데요. 이 분수를 $\frac{\text{분자}}{\text{분모}}$ 형태가 아닌 0.ABCD 형태로 나타낸 수가 소수입니다.

소수가 0.ABCD 형태로 0부터 시작되는 이유는 0과 1 사이에 있는 수, 즉 0 〈 0.ABCD 〈 1이라는 것은 이해하겠지요?

소수를 수학적으로 정의하면 '0과 1 사이의 실수實數'가 됩니다. 그런데 '실수'는 이 책에서 공부할 최종 목적의 수이기 때문에 여기서 설명하기에는 아직 무리가 있습니다. 따라서 현재로서는 '실수'란 이름을 안 것만으로 만족하고 소수에 대해 더 공부하겠습니다.

2) 소수의 역사

이집트인들은 오래 전부터 분수를 사용했지만, 소수는 1585년에야 스테빈Simon Stevin이라는 벨기에 수학자가 처음으로 세상에 소개했습니다. 그렇다면 오랫동안 사용된 분수가 있음에도 사람들은 왜 굳이 소수를 사용하게 되었으며, 또한 소수의 출현은 왜 이렇게 늦어진 걸까요?

16세기 말 벨기에는 스페인의 지배에서 벗어나려고 독립전쟁을 벌였습니다. 이때 독립군 회계책임자였던 스테빈은 은행에서 빚을 얻어 독립군 생활을 꾸려 나갔습니다. 그런데 당시 이자율은 $\frac{1}{11}$ 또는 $\frac{1}{12}$이어서 이자를 지불할 때마다 그 금액을 계산하느라 골치를 썩였다고 합니다. 당시 유럽인들은 인도-아라비아 숫자를 상용하기 전이어서 덧셈이나 곱셈을 하는데도 많은 어려움을 겪고 있었으니, 11이나 12로 나누는 문제는 오죽했겠습니까?

$\frac{1}{11}$이나 $\frac{1}{12}$ 대신 분모가 10 또는 100, 1000, …이면 이자 계산이 훨씬 편리할 것이라고 생각한 스테빈은 자신의 책에서 분모가 10, 100, …인 분수를 사용해 이자를 계산하자고 주장합니다.

그러나 분모가 10, 100인 형태로 분수를 나타내더라도 $\frac{3245}{10000}$나 $\frac{2467891}{10000000}$ 같은 경우는 어느 쪽이 더 큰지 쉽게 알 수 없었습니다. 그는 이런 분수를 알아보기 쉽고 편리하게 바꾸는 방법을 고민하다가 다음과 같은 10진법을 이용한 방법으로 소수를 만들었습니다.

$\frac{3245}{10000}$=0⓪3①2②4③5④

$\frac{2467891}{10000000}$=0⓪2①4②6③7④8⑤9⑥1⑦

그 후로 몇 차례의 시행착오를 거쳐 마침내 영국 수학자 네이피어 John Napier가 『막대 계산술』에서 오늘날과 같은 소수점 방식을 사용함으로써 소수 표기법이 정착됐습니다. 따라서 분수 $\frac{3245}{10000}$를 소수로 표시하면 0.3245가 되고, 분수 $\frac{2467891}{10000000}$을 소수로 표시하면 0.2467891이 됩니다. 이렇게 분수를 소수로 바꾸고 보니 어느 쪽이 더 큰 수인지 바로 알 수 있겠지요?

3. 분수와 소수의 특징

1) 분수와 소수의 장단점

분수와 소수는 제각각 나름의 특징을 갖고 있답니다. 일단 두 수의 크기 비교에서는 소수가 분수보다 유리합니다. 그런가 하면 분수는 사칙연산 중 곱셈과 나눗셈 계산이 쉽지만 덧셈과 뺄셈은 어려운 반면, 소수는 덧셈과 뺄셈은 쉽게 계산할 수 있지만 곱셈과 나눗셈은 아주 어렵지요. 아래의 표를 참조하기 바랍니다.

구분	분수	소수
	$\frac{2}{5}$와 $\frac{3}{4}$	0.4와 0.75
덧셈	$\frac{2}{5}+\frac{3}{4}=\frac{8}{20}+\frac{15}{20}=\frac{23}{20}$	$0.4+0.75=1.15$
뺄셈	$\frac{2}{5}-\frac{3}{4}=\frac{8}{20}-\frac{15}{20}=-\frac{7}{20}$	$0.4-0.75=-0.35$
곱셈	$\frac{2}{5}\times\frac{3}{4}=\frac{6}{20}=\frac{3}{10}$	0.4 ×0.75 20 28 300 그런데 소수점 이하 수가 셋이므로 답은 0.3
나눗셈	$\frac{2}{5}\div\frac{3}{4}=\frac{2}{5}\times\frac{4}{3}=\frac{8}{15}$	$0.75\overline{)0.4}=75\overline{)40}=0.533\cdots$

2) 분수와 소수의 본질적 차이

모든 분수는 소수로 바꿀 수 있지만, 모든 소수는 분수로 바꿀 수 없습니다. 아쉽게도 이 세상에는 '분수로 바꿀 수 없는 소수'도 존재한답니다. 여러분의 생각에는 뭔가 이상하지 않나요? '분수로 바꿀 수 없는 소수'가 존재한다니 말입니다.

이제부터 분수와 소수 사이의 이상한 관계를 배울 차례입니다.

① 분수가 만들어낸 '유한소수'와 '순환소수'

분자가 1이고 분모가 2인 수, 즉 $\frac{1}{2}$인 분수를 소수로 고치면 $1 \div 2 = 0.5$가 됩니다. 그리고 $\frac{3}{2}=1.5$가 되고, $\frac{3}{4}=0.75$가 되며, $\frac{8}{5}=1.6$, $\frac{11}{10}=1.1$, $\frac{233}{100}=2.33$이 되지요. 심지어 분자가 3이고 분모가 1인 분

수, 즉 $\frac{3}{1}=3$ 또는 3.0이 되므로 분모가 1인 분수는 그냥 분모를 없애 버린 것과 똑같은 답이 됩니다. 이런 소수를 가리켜 우리는 '끝[限]이 있는[有] 소수'라 하여 '유한有限소수'라 부릅니다.

그 대신 $\frac{1}{3}=0.333\cdots$이 되고, $\frac{1}{6}=0.1666\cdots$이 되며, $\frac{4}{9}=0.444\cdots$가 됩니다. 여기서 0.333…은 소수 첫째자리에 있는 3이 끝없이 반복되고, 0.1666…은 소수 둘째 자리의 6이 끝없이 반복된다는 것쯤은 알겠지요?

이런 식의 '같은 수가 끝없이[無限] 반복되는 소수'는 '무한無限소수'입니다. 다만 이 반복되는 무한소수는 그렇지 않은 무한소수와 그 성격이 아주 다르기 때문에 특별히 '순환循環소수'라 부릅니다.

그렇다면 똑같은 분수가 '유한소수'가 되거나 '순환소수'가 되는 차이는 무엇일까요? 분모가 2나 5의 곱으로만 이루어진 수는 '유한소수'가 되고, 그렇지 않은 수는 '순환소수'가 된답니다.

앞에 소개한 예들을 가지고 확인해볼까요?

$\frac{1}{2}$은 분모가 2로만 되어 있는 수이고, $\frac{3}{4}$은 분모가 2×2로 된 수, $\frac{8}{5}$은 분모가 5로만 된 수, $\frac{11}{10}$은 분모가 2×5로 된 수, $\frac{233}{100}$은 분모가 $(2 \times 5) \times (2 \times 5)$로 된 수입니다. 즉 이 수들은 모두 분모가 2나 5 또는 2×5만으로 이뤄진 수여서 '유한소수'가 되었습니다.

분모가 2나 5로 이루어지지 않는 수는 절대로 '유한소수'가 될 수 없습니다. 그 이유는 두 수를 곱해서 10이 되는 수는 2와 5 외에는 없기 때문이니까요.

예를 들어 $\frac{4953}{1000}$을 소수로 고치는 간단한 방법은 분모의 0의 개수만큼 분자의 소수점을 앞으로 옮기는 것입니다.

분자 4953은 원래 자연수이지만, 소수점이 있는 소수라고 생각하면 4953.0으로 볼 수도 있습니다. 그런데 소수점이 앞으로 한 자리씩 옮겨가는 것은 그 수가 $\frac{1}{10}$씩 줄어드는 것과 같으므로 $\frac{1}{1000}$이 줄어들기 위해서는 소수점이 세 자리 앞으로 옮겨가면 되며, 그 결과 답은 4.953이 되는 것입니다. 즉 모든 분수를 소수로 바꾸는 방법은 분모를 10의 제곱수로 만드는 것입니다. 이 말은 유한소수가 되기 위해서는 분모가 10의 제곱수가 되어야 한다는 것입니다.

'제곱수'란 '동일한 수가 반복되어 곱해진 수'를 말합니다. 예를 들면 2×2는 2의 제곱수로서 2^2으로 표시하고, $2 \times 2 \times 2$는 2의 세제곱수로서 2^3으로 표시할 수 있습니다. 마찬가지로 100에 해당하는 10×10은 10의 제곱수로서 10^2으로 표기하고, 1000에 해당하는 $10 \times 10 \times 10$은 10의 세제곱수로서 10^3으로 표시할 수 있습니다. 이렇게 되고 보니 $100 = 10^2$은 0이 두 개이니 제곱이고, $1000 = 10^3$은 0이 세 개이니 세제곱이 되었네요. 그렇다면 1,000,000,000은 0이 아홉 개이니 당연히 10^9이 됨을 알 수 있겠지요.

따라서 $\frac{1}{2}$은 분모를 10으로 만들기 위해 양변에 5를 곱해 $\frac{1}{2} \times \frac{5}{5} = \frac{5}{10}$로 바꿀 수 있고, 그 결과 5.0에서 소수점을 앞으로 한 자리 옮겨 0.5가 되는 것입니다.

마찬가지로 $\frac{8}{5}$은 분모를 10으로 만들기 위해 양변에 2를 곱해 $\frac{8}{5} \times \frac{2}{2} = \frac{16}{10}$이 되는 것입니다.

반면 $\frac{1}{3}$은 분모가 3인 수, $\frac{1}{6}$은 분모가 2×3인 수, $\frac{4}{9}$는 분모가 3×3인 수, 그리고 $\frac{30}{19}$은 분모가 19인 수입니다. 이 수들에는 분모에 2나 5가 아닌 다른 수들이 섞여 있기 때문에 어떤 수를 곱하든 10의 제곱수로 만들 수가 없습니다. 이 때문에 이런 수들은 유한소수가 되지 못하고 '순환소수'가 되는 것이지요. 그래도 어쨌든 분수는 유한소수이거나 순환소수 둘 중의 하나로 바꿀 수 있다는 사실을 명심하세요.

② 분수로는 표현할 수 없는 '무한無限소수'

같은 수를 두 번 곱해 4가 되는 수, 즉 $a \times a = a^2 = 4$가 되는 수 a는 2입니다. 그러면 같은 수를 두 번 곱해 2가 되는 수, 즉 $b \times b = b^2 = 2$가 되는 수 b는 과연 무엇일까요? 이제부터 b의 값을 찾아보기로 합시다.

다음 표를 보면 $b^2 = 2$가 되는 b는 1.4와 1.5 사이의 수이면서 1.4보다 조금 더 큰 수임을 알 수 있습니다.

<table>
<tr><th>b × b</th><th>b²</th><th>b × b</th><th>b²</th></tr>
<tr><td>1.1 × 1.1</td><td>1.21</td><td colspan="2" rowspan="3"></td></tr>
<tr><td>1.2 × 1.2</td><td>1.44</td></tr>
<tr><td>1.3 × 1.3</td><td>1.69</td></tr>
<tr><td rowspan="2">1.4 × 1.4</td><td rowspan="2">1.96</td><td>1.41 × 1.41</td><td>1.9881</td></tr>
<tr><td>1.42 × 1.42</td><td>2.0164</td></tr>
<tr><td>1.5 × 1.5</td><td>2.25</td><td colspan="2" rowspan="5"></td></tr>
<tr><td>1.6 × 1.6</td><td>2.56</td></tr>
<tr><td>1.7 × 1.7</td><td>2.89</td></tr>
<tr><td>1.8 × 1.8</td><td>3.24</td></tr>
<tr><td>1.9 × 1.9</td><td>3.61</td></tr>
</table>

그래서 1.4보다 조금 더 큰 1.41과 1.42의 제곱값을 구해보면 b는 1.41과 1.42 사이의 수이면서 그 중간쯤 되는 수임을 알 수 있습니다.

그러면 또 다시 1.414와 1.415의 두 수 중에 한 수의 제곱값을 구하면 정확히 $b^2 = 2$가 될까요? 하지만 굳이 계산하지 않더라도 $b^2 = 2$가 되지 않음을 알 수 있습니다. 이는 이미 1.1에서 1.9 사이의 제곱값을 구하는 과정에서 확인된 사실이기 때문입니다.

잘 이해가 되지 않으세요? 즉 같은 두 수를 곱해 2가 되기 위해서는 소수점 첫째 자리끼리 곱한 값이 10이나 20처럼 끝자리가 0이 되어야 소수점 이하 자리가 없어지면서 정수만 남게 되는데, 끝자리가 0이 아닌 같은 두 수를 곱하면 끝자리가 0이 되는 경우는 단 하나도 없습니다. 끝자리가 0이 아닌 같은 두 수를 곱했을 때 끝자리가 0이 되지 않는다는 것은 결국 정수 이하의 소수점 자리가 남는다는 것, 다시 말하면 소수점 이하 자리가 있는 똑같은 두 수의 곱은 절대로 정수가 될 수 없다는 뜻입니다. 이런 이유로 1.414를 제곱하더라도 정확히 2가 되지 않고, 다시 1.4142를 제곱하면 1.414보다 조금 더 2에 가까워지고, 또 다시 1.41421을 제곱하면 다시 조금 더 2에 가까워질 뿐 절대로 2가 되지는 않습니다.

따라서 어떤 수를 제곱해도 정확히 2가 되는 수는 없으므로 b의 정확한 값은 우리가 알 수 없는 상태에서, 그렇다고 같은 수가 반복되지도 않은 채 끝없이 이어질 수밖에 없는데요. 그렇다면 우리가 그 끝을 모르는데 분모가 얼마이고 분자가 얼마인지 알 수 있을까요? 그래서 b는 소수로는 존재하지만 절대로 분수가 될 수 없는 수인 것입니다. 이런 수를 가리켜 '무한無限소수'라 한답니다.

분수와 소수의 구분에서 생겨난 유리수와 무리수

1. 유리수

유리수Rational Number는 '두 정수 a와 b의 비比인 $\frac{a}{b}(b \neq 0)$ 꼴로 나타낼 수 있는 수'를 말합니다. 그렇다면 분수가 바로 유리수입니다.

하지만 자연수 2는 분모가 1인 분수 $\frac{2}{1}$로 표시할 수 있고, 정수 -5 역시 분모가 1인 분수 $\frac{-5}{1}$로 표시할 수 있으므로 결국은 자연수를 포함하는 정수도 유리수에 속한다고 할 수 있습니다. 따라서 유리수는 '정수와 분수를 포함한 수' 또는 소수의 입장에서 표현하면 '정수와 유한소수 및 순환소수(순환하는 무한소수)를 포함한 수'로 정의내릴 수 있겠습니다.

2. 무리수

이제 어느 부류에도 속하지 않고 남은 단 하나의 수는 '순환하지 않는 무한소수', 즉 '숫자가 끝없이 이어지면서도, 그렇다고 같은 숫자가 반복되지도 않는 소수'입니다. 그런데 이 수는 따지고 보면 '분수로 나타낼 수 없는 소수'입니다. 바로 이 '분수로 나타낼 수 없는 소수'

를 가리켜 '무리수Irrational Number'라 합니다. 실제로 무리수의 정의 역시 '두 정수 a와 b의 비比인 $\frac{a}{b}(b \neq 0)$ 꼴로 나타낼 수 없는 수'입니다.

참고로 우리가 알고 있는 3.14로 시작되는 '원주율 π'는 대표적인 무리수입니다.

3. 유리수와 무리수의 번역 문제

유리수를 영어로는 'Rational Number'라고도 하고, '나누어서 얻은 수'나 '몫'을 의미하는 'Quotient'라 부르기도 합니다. 그런데 서양 수학이 우리나라에 도입되기 시작하던 19세기 초에 당시 수학자들이 'Rational Number'를 번역하는 과정에서 사단이 납니다.

형용사 'Rational'은 일반적으로 '이성적, 합리적'이란 뜻으로 사용되지만, '비比'나 '비율'을 뜻하는 명사 'Ratio'의 형용사이기도 합니다. 따라서 'Rational'에는 '비율로 표현할 수 있는'이라는 뜻도 담겨져 있지요. 그런데 문제는 'Rational Number'를 '비比가 가능한 수'라는 의미의 '유비수有比數'가 아닌 '합리적인 수', 즉 '유리수有理數'로 번역하고 만 것입니다.

물론 굳이 해석하면 '무리수無理數'는 어떤 수인지도 모르는 수여서 '불합리한 수'가 될 수도 있겠지요. 하지만 세상에 불합리한 수가 어디 있겠습니까? 인간의 머리로 생각하니 불합리해 보일 뿐이지 수 자체에 그런 수가 어디 있겠습니까? 만약 그런 수가 정말로 존재한다면 합리적 사고를 추구하는 수학에서 당연히 퇴출되어야 하지요.

유리수가 '유비수有比數'로, 무리수가 '비比가 성립되지 않는 수'라는 '무비수無比數'로 번역됐더라면 용어 자체에서 '비比로 표시할 수 있다'

또는 '없다'는 의미를 유추할 수 있어 학생들이 지금보다 훨씬 쉽게 유리수와 무리수를 이해할 수 있을 것이라 생각하면 참 안타깝습니다.

4. 유리수와 무리수의 크기 비교

넌센스 퀴즈일 수도 있겠지만 유리수와 무리수 중 어느 쪽이 개수가 더 많을까요? 그에 앞서 자연수는 유한 개일까요, 무한 개일까요? 끝없이 계속되니 당연히 무한 개일 테지요. 그러면 짝수는 유한 개일까요, 아니면 무한 개일까요? 자연수는 짝수와 홀수로 이루어져 있으니 그 수는 $\frac{\text{무한}}{2}$개가 되겠지요? 그러면 이 $\frac{\text{무한}}{2}$이라는 수는 유한한 수일까요, 무한한 수일까요?

이제 19세기의 독일 수학자로 '무한無限' 개념을 이용한 새로운 차원의 집합론을 창시해 당시 세계 수학계를 혼란에 빠뜨린 칸토르Georg Cantor의 주장을 소개함으로써 여러분이 궁금해 하는 답을 설명하겠습니다.

먼저 '짝수와 자연수 중 어느 쪽의 수가 더 많을까요?'에 대한 설명입니다. 우리는 자연수 개수가 짝수 개수의 2배이므로 당연히 자연수가 많을 것이라 생각합니다.

그러면 짝수와 자연수를 아래 그림처럼 1대1로 대응시켜 봅시다.

자연수	1	2	3	4	5	6	7	8	9	10	11	12	…
	↕	↕	↕	↕	↕	↕	↕	↕	↕	↕	↕	↕	
짝수	2	4	6	8	10	12	14	16	18	20	22	24	…

자연수 1에 짝수 2를, 자연수 2에 짝수 4를, 자연수 3에 짝수 6을

1대1로 대응시키면 이 그림처럼 나타나는 것은 이해되지요? 그러면 자연수 1억과 대응되는 짝수는 무엇일까요? 당연히 2억입니다. 다시 한 번 자연수 10조와 대응되는 것은요? 짝수 20조입니다.

그렇다면 결국 자연수와 짝수의 개수는 같은 걸까요, 다른 걸까요? 이에 대해 칸토르는 '자연수와 짝수의 개수는 같다'고 주장했습니다.

이 주장을 '무한호텔의 역설'이란 제목으로 명쾌하게 설명한 사람이 19세기 말의 최고 수학자로 알려져 있는 독일의 힐베르트David Hilbert입니다. 그가 제시한 '무한호텔의 역설'은 다음과 같습니다.

1백 개의 방을 가진 호텔이 있습니다. 한참 휴가철이라 빈 방이 하나도 없이 차 있었습니다. 새 손님이 도착해 방을 요구하자, 지배인이 "죄송합니다. 빈 방이 없네요"라고 답했습니다. 그래서 옆 호텔로 갔는데, 그곳은 무한 개의 방이 있는 호텔이었습니다. 이 호텔도 모든 방이 차 있었습니다. 그곳에 도착해 방을 요구하자, 지배인은 "물론 드리죠. 잠시만 기다려 주십시오"라고 말하고는 호텔방 1호실을 비우고 그곳에 묵던 손님을 2호실로 옮기게 했고, 2호실 손님은 3호실로, 3호실 손님은 4호실로 옮기는 식으로 끝없이 방을 옮기게 했습니다.

지배인이 이 무지막지한 객실 이동을 끝내기가 무섭게 무한히 큰 관광버스가 역시 무한 명의 손님을 태우고 도착했습니다. 호텔 지배인은 끝없이 밀려드는 새 손님들에게 어떻게 방을 마련해줄 수 있을까요? 손님 한 명이 도착했을 때와 똑같은 원칙에 따라 처리한다면 지배인은 방 옮기기를 끝내지 못할 것입니다. 손님들은 한없이 방을 옮겨야 하기 때문입니다. 앞서 도착했던 1호실 손님은 2호실로 가고 곧이어 3호실로, 4호실로 끊임없이 옮겨야 할 것입니다.

그러나 지배인은 손님들이 호텔에서 가능하면 방해받지 않고 편안하게 머물도록 하는 방법을 알고 있었습니다. 그는 1호실 손님을 2호실로, 2호실 손님은 4호실로, 3호실 손님은 6호실로, 4호실 손님은 8호실로 옮기게 했습니다. 바꿔 말하면 그는 호텔에 먼저 숙박하고 있던 손님들로 하여금 짝수 번호의 방으로 옮기도록 한 것입니다. 이렇게 해서 홀수 번호가 붙은 무한대의 방들은 비게 되었고, 직원은 새로 도착한 손님들을 이곳으로 안내했습니다.

이 역설은 '무한대 + 1 = 무한대'이며, '무한대 + 무한대 = 무한대'라는 사실을 알려주고 있습니다.

두 번째로, 자연수와 정수의 크기를 비교해봅시다. 역시 아래 그림처럼 자연수와 정수를 하나씩 1대1로 대응시킵니다.

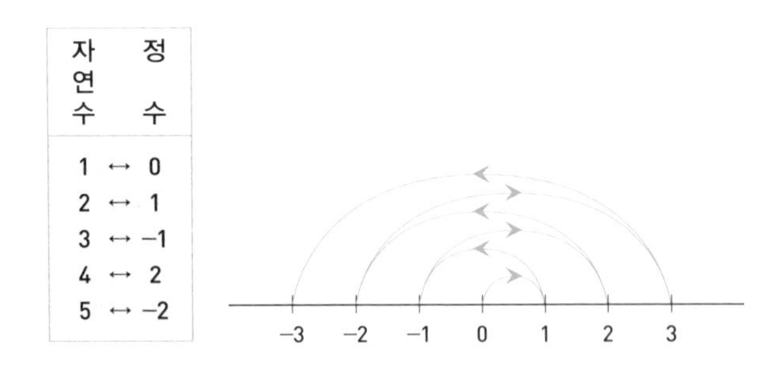

이 논리대로 하면 자연수와 정수가 정확하게 1대1로 대응되므로 결국 자연수와 정수의 크기는 같아집니다. 이런 논리로 칸토르는 자연수와 유리수도 1대1 대응이 가능함을 증명했습니다.

다만 칸토르는 자연수와 이제부터 우리가 배울 실수의 크기를 비교한 결과, 실수가 자연수보다 크다는 사실을 밝혀냈습니다.

그리하여 칸토르가 내린 결론은 이렇습니다.

짝수의 개수 = 자연수의 개수 = 정수의 개수 = 유리수의 개수 < 실수의 개수

신기하면서도 납득이 잘 되지 않지요. 하지만 원시인이 처음 수를 셀 때 사용했던 '1대1 대응' 개념으로 이 엄청난 이론을 펼쳐냈다는 사실이 놀랍지 않습니까?

그렇다면 우리의 문제인 '유리수와 무리수의 크기'에 대한 답은 뭘까요? 그 답은 다음 장에서 독일의 수학자 데데킨트가 직접 알려줄 겁니다.

세상에 존재하는 모든 수의 집합, 실수實數

1. 실수의 정의

'실수Real Number'는 이제껏 우리가 배운 수와는 다른 새로운 수가 아니라, '유리수'와 '무리수'를 통칭하여 부르는 이름일 뿐입니다. 그 말은 '세상에 실제Real로 존재하는 수Number'라는 뜻이지요.

어떻게 해서 이런 이름이 붙게 됐을까요?

우리는 앞에서 '자연수'를 '자연에 존재하는 그대로의 사물의 개수를 표현하는 수'라고 정의했는데요. 그렇다면 자연수와 실수에 대한 정의의 차이는 무엇일까요?

먼저 눈금자를 잠깐 살펴보기로 합시다.

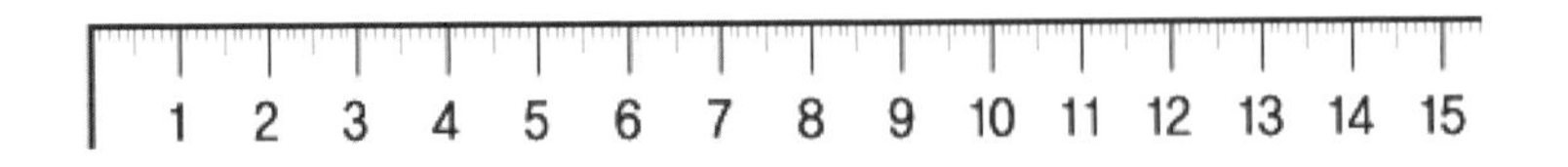

눈금자 속에는 1이나 2 같은 자연수가 보이고, 1과 2 사이에 동일한 간격으로 10칸으로 나뉜 작은 눈금이 보이지요. 그 한 칸이 1의

$\frac{1}{10}$에 해당하는 0.1입니다. 따라서 1 바로 다음의 작은 눈금은 1.1, 그 옆은 1.2, 1.3, … 해서 1.9가 되고 다시 큰 눈금이 2가 되는 원리입니다.

마찬가지로 1.1과 1.2 사이를 10등분하면 그 한 칸의 눈금은 0.1의 $\frac{1}{10}$인 0.01이 됩니다. 따라서 첫 번째 눈금은 1.11이 되고, 다음은 1.12가 될 것입니다. 이런 식으로 두 눈금 사이를 계속 나눠가면 결국에는 1.1111111…이라는 끝도 없는 숫자가 만들어질 텐데요. 이 숫자가 바로 '무리수'인 것입니다. 따라서 우리는 어떤 무리수의 정확한 값은 모르지만 그 값을 눈으로 직접 볼 수 있고, 심지어 길이까지 정확히 표시할 수 있습니다.

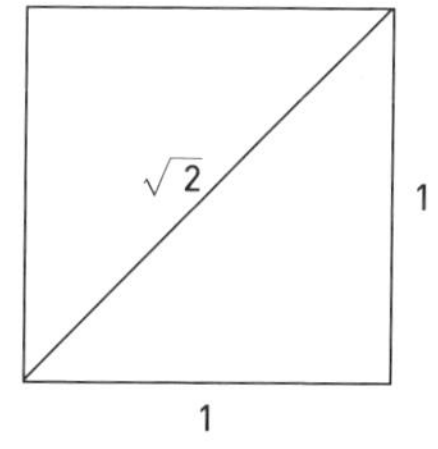

일례로 '피타고라스 정리'에 따르면 가로와 세로의 길이가 각각 1인 정사각형의 대각선 길이는 $\sqrt{2}$입니다. 이 $\sqrt{2}$는 '제2부 무리수'에서 자세히 배우겠지만, 같은 수를 두 번 곱해 2가 되는 수, 즉 $b \times b = b^2 = 2$가 되는 수인 b의 값이 됩니다.

하지만 $\sqrt{2}$의 정확한 값은 모르지만 $\sqrt{2}$의 길이만큼은 정확히 표시할 수 있습니다. 가로와 세로가 1인 정사각형의 두 선분의 끝점을 서로 이으면 그것이 바로 $\sqrt{2}$의 정확한 값이니까요.

따라서 눈금자에 있는 눈금 하나하나가 모두 '실수'입니다. 그런 점에서 '자연수'가 '세상에 존재하는 물건들을 세기 위해 만든 수'라면 '실수'는 '세상에 존재하는 모든 수'라고 규정해도 될 것 같은데요. 이제는 지금까지의 설명이 이해됩니까?

이런 내용을 독일 수학자 데데킨트Dedekind는 '절단切斷' 개념을 이용해 어렵게 설명했는데요. 그 내용을 간단히 살펴볼까요.

그는 실수의 중요한 성질을 다음 4가지로 정리했습니다.

첫째, 실수 범위에서는 사칙연산을 자유로이 할 수 있다.

둘째, 자연수나 유리수처럼 실수도 무수히 많이 존재한다. 다만 무리수와 실수는 자연수나 유리수보다도 농도가 크다. 실수의 농도를 '연속체의 농도'라 한다.

셋째, 실수는 직선 위의 모든 점과 1대1로 대응시킬 수 있다. 이것을 '실수의 연속성'이라 한다.

넷째, 두 실수 사이에는 반드시 다른 실수가 존재한다. 이것을 '실수의 조밀성'이라 한다.

첫째 성질은 '제2부 자연수'에서 자세히 배울 것이며, 둘째 성질은 '유리수와 무리수의 크기'에 대한 데데킨트의 대답입니다.

우리가 실수의 성질에서 배울 핵심 내용은 셋째인 '연속성連屬性'과 넷째인 '조밀성稠密性'의 개념입니다.

먼저 앞 페이지의 눈금자는 유리수와 무리수가 모두 모여야만 모든 눈금을 채울 수 있습니다. 바꾸어 말하면 유리수만으로는 모든 점을 1대1 대응시킬 수 없다는 뜻입니다. 이를 가리켜 '유리수에는 연속성이 없다'는 것입니다. 참고로 '연속'은 '끊이지 않고 죽 이어져 있다'는 뜻입니다.

마찬가지로 한 유리수와 바로 옆 유리수 또는 한 무리수와 바로 옆 무리수를 10등분하면 또 다시 여러 개의 유리수나 무리수를 만들 수 있습니다. 하지만 1과 2 사이, 또는 −3과 −2 사이에는 새로운 자연수나 정수가 존재하지 않습니다. 그 말을 데데킨트는 '자연수나 정수에는 조밀성이 없다'고 표현한 것이지요. 참고로 '조밀'은 '오밀조밀'이란 낱말에서 알 수 있듯 '촘촘하고 빽빽하다'는 뜻을 담고 있습니다.

지금까지 배운 실수까지의 '수 체계'를 한눈에 알아볼 수 있도록 정리해볼까요?

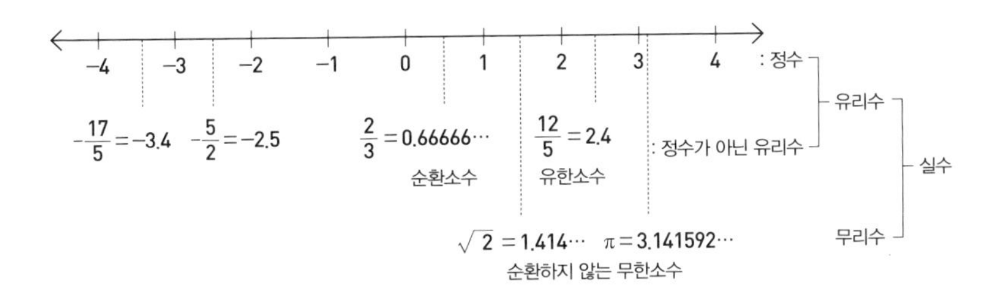

끝으로, 미리 알아둘 마지막 수가 있습니다. 실제로 존재하는 '실수'와 이에 반대되는 개념인 '허수'인데요. 말 그대로 '현실에 존재하지 않는 가상의 수'로서 이탈리아 수학자 카르다노Girolamo Cardano가 최초로 찾아냈고, 프랑스 철학자인 데카르트Descartes가 'Nombre imaginaire(농브르 이마지네르)'라 이름붙인 수입니다. 이를 영어로 바꾸면 'Imaginary Number', 즉 '가상적인 수' 또는 '상상에만 존재하는 수'가 되지요.

이 수는 이 책에서 설명하기에는 어울리지 않아 생략하는데요. 다만 '실수의 반대'에 해당하는 수가 있으며, 이 수까지 포함한 수가 수학에서 다루는 '복소수 체계'라는 점을 기억하시기 바랍니다.

복소수 체계도

- 복소수(수)
  - 실수
    - 유리수
      - 정수
        - 자연수(양의 정수)
        - 0
        - 음의 정수
      - 분수
        - 유한소수
        - 순환소수
    - 무리수 – 순환하지 않는 무한소수
  - 허수

순환소수, 순환하지 않는 무한소수 } 무한소수

유한소수, 무한소수 } 소수

제2부
수의 성질

제1장
자연수

1. 덧셈과 곱셈의 연산법칙

1) 닫혀 있다

사칙연산을 공부하기에 앞서 '닫혀 있다'는 개념을 알아야 합니다. '문이 닫혀 있다'의 바로 그 '닫혀 있다'입니다. 문제는 '닫혀 있다'고 할 때 화자話者의 위치가 중요합니다. 그가 문 안쪽에 있느냐, 그 반대냐에 따라 의미가 전혀 다르니까요. 만약 그가 안에 있다면 자기만의 배타적인 공간에 있다는 것이고, 바깥쪽에 있다면 외부인이 들어갈 수 없다는 의미이지요.

사칙연산에서의 '닫혀 있다'도 마찬가지 의미를 갖고 있습니다. 어떤 무리에 속하는 숫자들끼리 마음대로 활동할 수 있는 자기들만의 공간이 확보되어 있다는 의미와 함께 다른 무리에 속하는 숫자는 그 속에 들어올 수 없다는 뜻이니까요.

이런 의미에서 볼 때 자연수끼리의 어떤 활동의 결과가 자연수로 나타난다면 자기들만의 활동 공간이 확보된 상태이므로 '닫혀 있다'고

할 수 있습니다. 반대로, 자연수끼리의 활동 결과가 자연수가 아닌 다른 수로 나타난다면 이때는 '닫혀 있지 않다'고 하는 겁니다.

이 정도의 개념을 갖고 이제부터 자연수의 사칙연산을 공부하겠습니다.

덧셈		뺄셈	
$3+2=5$ $2+2=4$ $2+3=5$	닫혀 있다	$3-2=1$ $2-2=0$ $2-3=-1$	닫혀 있지 않다
곱셈		**나눗셈**	
$3\times2=6$ $2\times2=4$ $2\times3=6$	닫혀 있다	$3\div2=1.5$ $2\div2=1$ $2\div3=0.666\cdots$	닫혀 있지 않다

먼저, 덧셈을 알아봅시다. 자연수에 자연수를 더하면 그 답은 항상 자연수가 됩니다. 이는 상식적으로 이해되지요? 이 경우는 '닫혀 있다'고 할 수 있습니다. 그 이유는 자연수끼리의 활동 결과가 항상 자연수로 나타나기 때문입니다.

곱셈도 마찬가지로 자연수에 자연수를 곱하면 역시 답은 자연수로 나타납니다. 따라서 곱셈도 '닫혀 있다'고 할 수 있습니다.

이제 뺄셈을 살펴봅시다. $3-2=1$이므로 이 경우는 '닫혀 있다'고 할 수 있네요. 그런데 $2-2=0$인데, 0은 자연수가 아닌 정수잖아요. 마찬가지로 $2-3=-1$인데, 음수 역시 자연수가 아니고 정수에 속하지요? 이렇듯 뺄셈에서는 자연수끼리의 활동 결과가 항상 자연수로 나타나는 것이 아님을 알 수 있습니다. 이런 경우를 일컬어 '닫혀 있지 않다'고 합니다.

그러면 뺄셈에 있어 어떤 경우에 닫혀 있지 않은 결과가 생길까요? 그것은 '같은 수 – 같은 수'와 '작은 수 – 큰 수'의 두 가지 경우입니다. 앞엣것은 결과가 항상 '0'이 되고, 뒤엣것의 결과는 항상 '음수'입니다.

마지막으로, 나눗셈은 어떨까요? 나눗셈도 앞 페이지의 표에 드러나듯 자연수끼리의 활동 결과에서 분수 1.5나 순환소수 0.666… 같은 유리수가 나타나므로 '닫혀 있지 않다'고 해야겠습니다.

이 역시 어떤 경우에 발생할까요? 2 ÷ 2처럼 피젯수가 젯수와 같거나 또는 4 ÷ 2나 6 ÷ 2처럼 피젯수가 젯수의 2배, 3배, 4배가 되는 경우일 때에는 자연수가 되고, 나머지 경우에는 항상 분수(소수)가 됩니다.

이상의 내용을 정리하면 다음과 같습니다.

덧셈		뺄셈	
큰 수 + 작은 수 = 자연수 같은 수 + 같은 수 = 자연수 작은 수 + 큰 수 = 자연수	닫혀 있다	큰 수 – 작은 수 = 자연수 같은 수 – 같은 수 = 0 작은 수 – 큰 수 = 음수	닫혀 있지 않다
곱셈		**나눗셈**	
큰 수×작은 수 = 자연수 같은 수×같은 수 = 자연수 작은 수×큰 수 = 자연수	닫혀 있다	큰 수÷작은 수 = 자연수 또는 분수 같은 수÷같은 수 = 1 작은 수÷큰 수 = 분수	닫혀 있지 않다

'닫혀 있다'의 개념은 '제1부 수의 체계'와 관련이 깊습니다. 어떤 자

연수이든 자연수끼리의 덧셈과 곱셈은 항상 가능, 즉 '계산한 값이 항상 자연수'가 됩니다. 하지만 뺄셈과 나눗셈의 경우에는 항상 가능한 것이 아닙니다. 예를 들어 자연수 체계 내에서 3 − 2의 답은 존재하지만, 2 − 3의 답은 존재하지 않습니다.

그런데 자연수 속에서만 살던 사람들에게 이런 이상한 문제가 발생하자, 어쩔 수 없는 필요성에서 '0'과 '음수'가 개발되어 뺄셈 문제를 해결하게 되었고, 그 결과 '정수' 체계가 갖추어졌습니다.

그러다가 다시 2 ÷ 3 같은 골치 아픈 나눗셈 문제가 불거지자, 이를 해결하는 과정에서 분수와 무한소수가 나오면서 유리수와 무리수를 합친 '실수' 체계가 완성됐습니다.

이렇듯 자연수의 사칙연산이 복잡해지면서 이를 해결하는 과정에서 태어난 새로운 수가 '0'과 '음수', 그리고 '분수'와 '무한소수'입니다.

따라서 제2부에서 공부할 모든 내용은 '수의 체계'를 바탕으로 하므로, 우리가 수의 체계만 정확히 이해하면 지금부터 배울 수학은 정말로 흥미진진할 것입니다.

2) 세 가지 연산법칙

① 교환법칙

덧셈	곱셈
두 자연수 a, b에 대하여 $a+b=b+a$ 예 $2+3=3+2$	두 자연수 a, b에 대하여 $a \times b=b \times a$ 예 $2 \times 3=3 \times 2$

우리는 앞에서 $2+3=5$이고, $3+2=5$라는 사실을 통해 자연수는 '덧셈에 대해 닫혀 있음'을 배웠습니다.

이처럼 모든 자연수는 두 수의 순서를 바꾸어 더해도 그 값은 같아집니다. $100+200=200+100$이고, $179+365=365+179$이지요. 이 연산법을 가리켜 '자리를 바꾸어[交換] 더하는 연산법'이라 하여 '덧셈의 교환법칙'이라 합니다.

그러면 곱셈도 마찬가지겠지요? $2\times 3=6$이고, $3\times 2=6$이니까요. 이 연산법은 어떤 이름을 붙여야 하겠습니까? 그렇습니다. 당연히 '곱셈의 교환법칙'이 되어야지요. 하지만 자연수는 뺄셈이나 나눗셈에 대해서는 닫혀 있지 않으므로 교환법칙이 성립하지 않습니다.

② 결합법칙

덧셈	곱셈
세 자연수 a, b, c에 대하여 $(a+b)+c=a+(b+c)$ 예 $13+26+84$ $(13+26)+84$ $13+(26+84)$ $=39+84$ $=13+110$ $=123$ $=123$	세 자연수 a, b, c에 대하여 $(a\times b)\times c=a\times(b\times c)$ 예 $6\times 4\times 5$ $(6\times 4)\times 5$ $6\times(4\times 5)$ $=24\times 5$ $=6\times 20$ $=120$ $=120$

세 수의 덧셈이나 곱셈을 할 경우 한꺼번에 계산할 수 없으므로 두 수를 먼저 계산해 나온 값에 나머지 한 수를 다시 계산하는 방법을 취해야 합니다. 이때 정해진 순서대로 차례차례 계산해도 되지만, 반대로 뒤엣것을 먼저 계산하여 앞엣것과 계산해도 됩니다.

위에서 소개한 사례를 가지고 생각해봅시다. 13 + 26 + 84의 계산에서 (13 + 26) + 84가 쉬울까요, 아니면 13 + (26 + 84)가 쉬울까요? 앞엣것은 39 + 84이므로 10자리와 1자리를 모두 계산해야 하지만, 뒤엣것은 13 + 110이기에 10자리만 계산하면 되므로 훨씬 간편하지요.

이렇듯 세 수 이상을 더하거나 곱하는 연산법은 두 수씩 묶어 계산하는데, 이때 묶는[結合] 순서를 계산이 편하도록 바꿔 묶어도 된다는 겁니다. 이 연산법을 가리켜 각각 '덧셈의 결합법칙'과 '곱셈의 결합법칙'이라 합니다.

여러분은 '이런 연산법이 무슨 효과가 있으려나?' 하고 시큰둥하게 여길 수도 있지만, 그 효율성을 실감할 수 있는 연습문제를 풀어볼까요? 27 + 54 + 18 + 36 + 43의 값은 얼마일까요? 먼저 교환법칙과 결합법칙을 사용하지 않고 순서대로 풀어봅시다. 27 + 54 = 81이고, 81 + 18 = 99이며, 99 + 36 = 135이고, 135 + 43 = 178입니다. 하지만 교환 · 결합법칙을 사용하면 (27 + 43) + (54 + 36) + 18 = 70 + 90 + 18 = 160 + 18 = 178이 됩니다. 앞의 방식보다 뒤의 방식이 계산하기에 훨씬 편하지요?

곱셈도 마찬가지입니다. 4 × 7 × 2 × 3 × 5의 값은 얼마일까요? 순서대로 계산하면 4 × 7 = 28이고, 28 × 2 = 56이며, 56 × 3 = 168이고, 다시 168 × 5 = 840이 됩니다. 하지만 (2 × 5 × 4) × (7 × 3)으로 순서를 바꾸고 결합시켜 계산하면 40 × 21 = 840이 됩니다. 앞의 방식으로는 다섯 번 계산할 것을 뒤의 방식으로 하면 세 번에 끝낼 수 있습니다.

이렇듯 수학공식은 괜히 쓸데없는 것을 외우게 해서 괴롭히려는 것이 아니라, 학생들이 쉽고 편리하게 계산하도록 도와주는 역할을 합니다. 따라서 공식을 많이 알면 그렇지 않은 경우보다 계산을 쉽고 빠르게 할 수 있으며, 또한 계산이 틀리는 경우도 훨씬 줄어듭니다.

따라서 수학공식은 외우기보다 이해하려고 해야 합니다. 머리로 외운 것은 시간이 흐르면 잊어버리지만, 이해한 내용은 절대 잊어버리지 않기 때문이지요.

③ 분배법칙

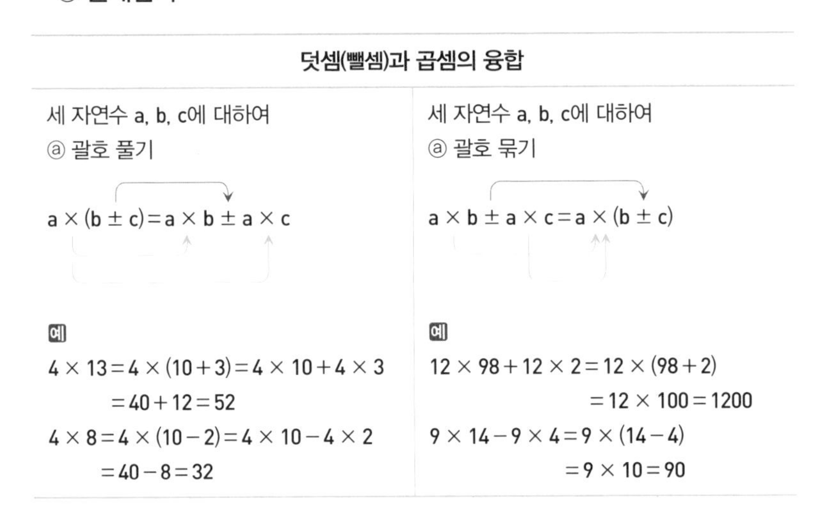

덧셈(뺄셈)과 곱셈의 융합

세 자연수 a, b, c에 대하여 ⓐ 괄호 풀기	세 자연수 a, b, c에 대하여 ⓐ 괄호 묶기
$a \times (b \pm c) = a \times b \pm a \times c$	$a \times b \pm a \times c = a \times (b \pm c)$
예 $4 \times 13 = 4 \times (10+3) = 4 \times 10 + 4 \times 3$ $= 40 + 12 = 52$ $4 \times 8 = 4 \times (10-2) = 4 \times 10 - 4 \times 2$ $= 40 - 8 = 32$	예 $12 \times 98 + 12 \times 2 = 12 \times (98+2)$ $= 12 \times 100 = 1200$ $9 \times 14 - 9 \times 4 = 9 \times (14-4)$ $= 9 \times 10 = 90$

ⓐ 괄호 풀기

이 연산법은 그림으로 이해하면 쉽습니다. 예를 들어 가로가 13m이고 세로가 4m인 직사각형 땅이 있습니다. 이 땅의 넓이는 얼마일까요? 넓이를 구할 때 그냥 곱셈을 이용해 $13 \times 4 = 52$의 답을 구할 수 있습니다. 이 계산법을 그림으로 나타내면 아래와 같은데, 이는 넓이 전체를 한 번에 통째로 구한 방법입니다.

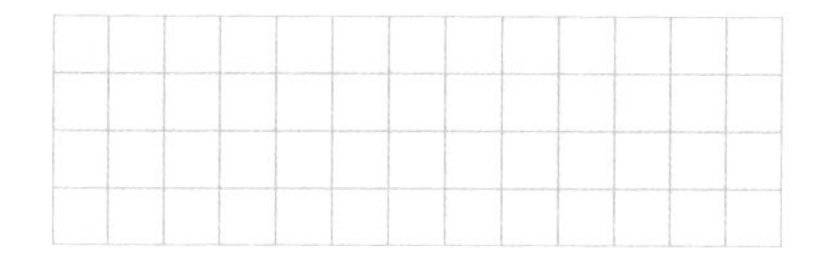

하지만 아래 그림들처럼 두 조각으로 쪼개어 각각의 넓이를 구해 합치는 방법을 사용해도 됩니다.

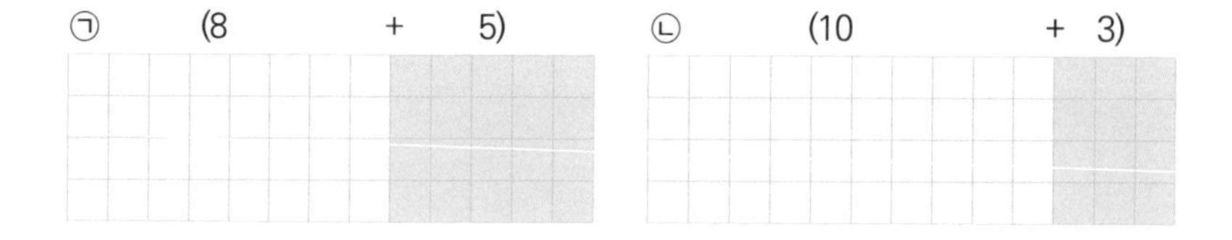

그런데 ㉠ 그림처럼 8과 5로 쪼개어 계산할 수도, 아니면 ㉡ 그림처럼 10과 3으로 쪼개어 계산할 수도 있습니다. 즉 $13 \times 4 = (8 + 5) \times 4 = 8 \times 4 + 5 \times 4$로 계산해도 되고, 또는 $13 \times 4 = (10 + 3) \times 4 = 10 \times 4 + 3 \times 4$로 계산해도 값이 같아진다는 거지요.

이것을 수학에서는 '덧셈과 곱셈의 분배법칙'이라 합니다. 두 수를 곱할 때 한 수는 공통수로 두고 나머지 한 수를 두 개의 수로 쪼갠 다음 공통수와 각각 곱한 결과를 더하는 방법이지요. 여기서는 4와 13 중에서 4를 공통수로 두고 13을 '8과 5' 또는 '10과 3'의 두 수로 쪼갠 다음 공통수 4와 각각 곱한 결과를 다시 더한 겁니다.

이 계산법에는 덧셈과 곱셈이 함께 이용되고, 또한 공통수 4가 8과 곱해지는 동시에 5와도 곱해지는 것이 마치 공통수가 두 수에게 무언

가를 골고루 분배分配하는 느낌을 준다고 하여 '덧셈과 곱셈의 분배법칙'이라는 이름을 갖게 된 것입니다.

그런데 이 계산법을 꼼꼼히 살펴보면 계산 과정이 오히려 늘어나서 불편해 보이는데, 구태여 이런 법칙을 만든 이유는 뭘까요?

이제는 12×53처럼 제법 큰 숫자를 예로 들겠습니다. 여러분 가운데 대다수는 연필과 종이 없이는 이 문제의 답을 구할 수 없을 겁니다. (두 자릿수) × (두 자릿수) 계산은 곱셈 네 번과 덧셈 한 번을 거쳐야 찾을 수 있으니까요.

하지만 분배법칙을 활용하면 사정이 180도 달라집니다. 먼저 12를 공통수로 두고 53을 $50 + 3$으로 쪼개어 $12 \times (50 + 3)$을 계산합니다. 그러면 $12 \times 50 + 12 \times 3 = 600 + 36 = 636$이 되지요.

실제로 분배법칙을 적용하면 여러분은 연필과 종이 없이 오직 암산만으로 답을 찾을 수 있습니다. 이런 이유로 두 수의 곱셈에서는 분배법칙이 약방의 감초처럼 활용되는데요. 여러분은 다음에 이어지는 '컴퓨터처럼 빠르고 정확한 기적의 사칙연산'에서 이 법칙의 놀라우면서도 신기한 모습을 체감하게 될 것입니다.

다만 같은 분배법칙을 이용하더라도 53을 $(38 + 15)$로 쪼개어 $12 \times (38 + 15)$로 계산한다면 차라리 안 하느니만 못하겠지요? 따라서 분배법칙은 두 자릿수 이상의 큰 수를 계산할 때 적용하면 아주 편리하며, 이때 수를 쪼개는 방법은 (10의 배수 + 한 자릿수)가 안성맞춤입니다.

이상의 내용을 정리하면 아래 그림과 같습니다.

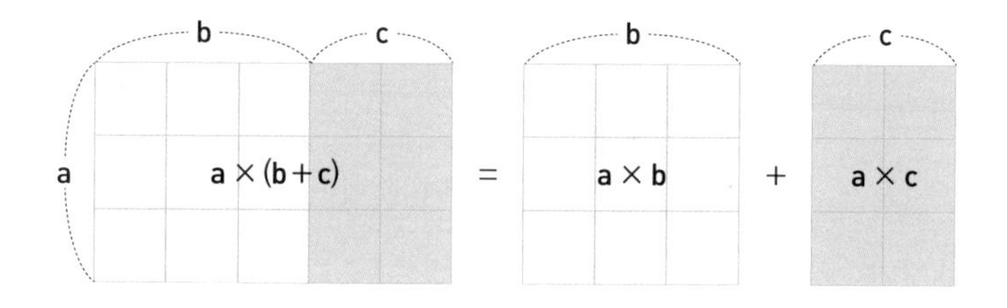

여기서 공통수 a = 12, (b + c) = 53, b = 50, c = 3에 해당하는 숫자라는 사실은 자연스럽게 이해되지요?

이어서 '뺄셈과 곱셈의 분배법칙'에 대해서 간략히 설명하겠습니다. 아래 그림처럼 가로가 18m, 세로가 4m인 땅의 넓이는 얼마일까요?

역시 4 × 18 = 72로 단번에 답을 구할 수 있습니다.
하지만 아래 그림처럼 구하면 어떨까요?

가로가 18m라는 것은 (20 − 2)m라고 볼 수도 있습니다. 따라서 4

$\times (20 - 2) = 4 \times 20 - 4 \times 2 = 80 - 8 = 72$가 되는 것이지요.

이제 이 계산법이 편리한 것을 실감할 사례를 들겠습니다.

36×89는 얼마일까요? 이것을 한 번에 계산하기는 무척 어렵습니다. 하지만 $36 \times (90 - 1) = 36 \times 90 - 36 \times 1 = 3240 - 36 = 3204$입니다. 이처럼 암산으로는 도저히 감당하지 못할 것 같은 복잡한 계산도 분배법칙을 활용하면 아주 쉽게 계산할 수 있답니다.

이 경우는 곱셈과 뺄셈이 함께 활용되고 있으니, '뺄셈과 곱셈의 분배법칙'이 되겠지요?

그러면 어떤 경우에는 덧셈이, 또 어떤 경우에는 뺄셈이 적용될까요?

예를 들어 24×32에서 24를 공통수로 둘 때, 32처럼 일의 자릿수가 5 이하이면 $24 \times (30 + 2)$처럼 '덧셈 분배법칙'을 적용하고, 24×37에서 37처럼 일의 자릿수가 6 이상이면 $24 \times (40 - 3)$처럼 '뺄셈 분배법칙'을 적용하면 된답니다.

ⓑ 괄호 묶기

지금까지는 괄호 풀기를 설명했으니, 이제부터는 괄호 묶기를 설명하겠습니다.

$6 \times 3 + 7 \times 6$은 얼마일까요?

주어진 순서대로 계산하면 $6 \times 3 = 18$이고, $7 \times 6 = 42$이므로 이 두 수를 더하면, 즉 $18 + 42 = 60$이 됩니다.

그런데 이 문제를 살펴보니 교환법칙을 이용해 $6 \times 3 + 6 \times 7$로 바꿀 수 있네요.

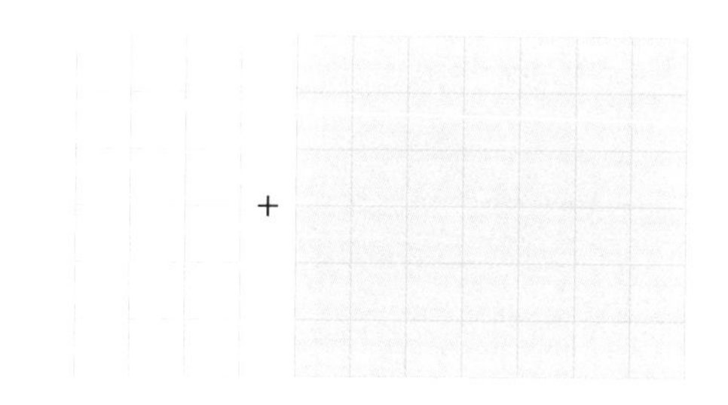

그림으로 설명하면 오른쪽의 사각형을 90° 돌려놓은 모습입니다.

다시 꼼꼼히 챙겨보니 6이 3과 7을 분배한 모습이네요. 따라서 6을 공통수로 두고 3과 7을 묶어 $(3 + 7)$로 만든 다음, $6 \times (3 + 7) = 6 \times 10 = 60$으로 쉽게 답을 찾았습니다.

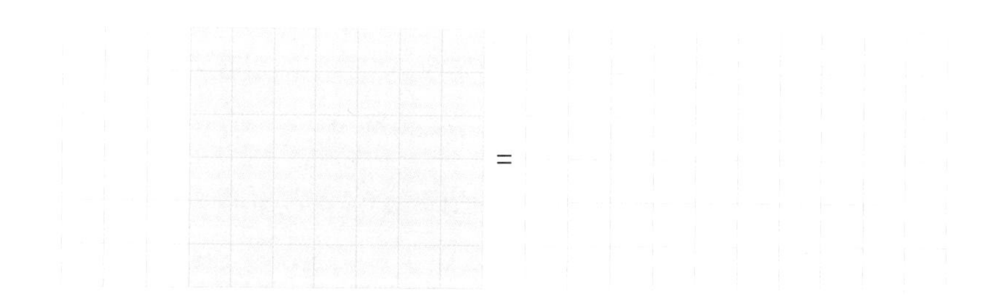

그러고 보니 단 한 번의 계산도 없이 교환법칙과 분배법칙의 괄호 묶기를 활용해 암산만으로 답을 찾았네요.

이 문제를 쉽게 푸는 방법은 괄호 묶기와는 역순으로 공통수를 찾아 놓고, 나머지 두 수를 덧셈으로 묶은 다음에 그 공통수와 곱하면 됩니다.

마찬가지로 $8 \times 7 - 3 \times 8$은 8을 공통수로 두고, 나머지 두 수 7과 3을 $(7 - 3)$으로 묶은 다음에 $8 \times (7 - 3) = 8 \times 4 = 32$로 계산하는 것이지요.

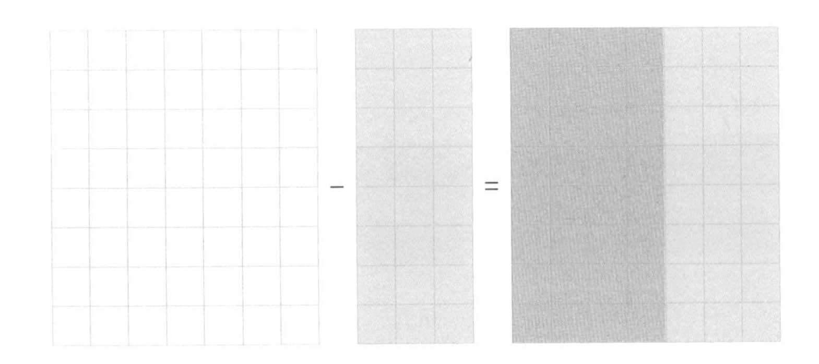

2. 수의 일반화

한국초등학교 5학년 2반에 '김철수'라는 학생이 있습니다. 철수네 반의 학생 수는 20명입니다. 그들은 모두 키가 160cm를 넘는다고 합니다. 이 말이 사실인지 아닌지를 어떻게 증명할 수 있을까요? 가장 확실한 방법은 반 학생 20명 전체의 키를 직접 재보면 됩니다.

그렇다면 '자연수에서 덧셈의 교환법칙은 성립한다'고 했는데, 이를 어떻게 증명할 수 있을까요? 이 역시 모든 자연수에 대해 직접 확인해보면 됩니다.

그러면 시작할까요. 1 + 2 = 2 + 1, 1 + 3 = 3 + 1, 1 + 4 = 4 + 1, 1 + 5 = 5 + 1, ……. 이 정도 하니 슬슬 지겨워지므로 이제 새로 2부터 시작할까요? 2 + 1 = 1 + 2, 2 + 3 = 3 + 2, 2 + 4 = 4 + 2, 2 + 5 = 5 + 2, ……. 이쯤 되니 이제는 더 이상 하기 싫어지지요?

맞습니다. 이런 식으로는 절대로 모든 자연수를 확인할 수 없습니다. 철수네 반의 학생은 20명이어서 직접 잴 수 있지만, 자연수의 개수는 무한하기 때문입니다. 하지만 여러분은 단지 서너 가지 경우만 확인해보고도 '자연수에서 덧셈의 교환법칙은 당연히 성립하는구나!'라고 느낄 수 있지 않습니까?

그러면 직접 확인하지 않고도 모든 자연수에서 덧셈의 교환법칙이 성립함을 수학적으로 어떻게 표현할 수 있을까요? 수학자들이 찾아낸 획기적인 방법이 '수의 일반화'입니다. 우리 속담에 '하나를 보면 열을 안다'는 표현이 있듯이 '일반화'란 분명하게 증명된 몇 가지 사례를 근거로 이와 유사한 모든 사례에 확대하여 적용하는 것을 뜻합니다.

따라서 우리는 자연수에서 덧셈의 교환법칙이 성립함을 모든 자연수를 대표할 별도의 기호를 사용해 다음과 같이 일반화하여 표현할 수 있습니다.

두 자연수 a, b에 대하여 $a + b = b + a$

여기서는 자연수를 대표하는 기호로 알파벳 'a'와 'b'를 사용했지만,

한국인이라면 'ㄱ'과 'ㄴ', 또는 'ㅏ'와 'ㅓ'를 사용해도 되고, 10대의 생기발랄한 학생이면 '☺'과 '☻' 같은 아이콘을 사용해도 됩니다.

다만 여기서는 알파벳 a, b를 사용해 '$a + b = b + a$'라고 표현함으로써, "앞에 있는 자연수 a와 뒤에 있는 자연수 b의 자리를 바꿔 $b + a$로 계산해도 답은 똑같구나!"라고 시각적으로 바로 이해할 수 있습니다.

이제부터는 수학의 많은 공식이나 법칙이 숫자를 대신하는 문자나 기호를 사용하여 표현될 것입니다. 따라서 만약 누군가가 '$1 + 2 = 2 + 1$'이라고 했다면, 이 식은 a 대신 1, b 대신 2를 사용한 구체적인 식임을 알 수 있겠지요. 이제 수학에 문자가 등장할 경우 '수학에 웬 문자?'라는 부정적인 생각보다는 그 문자가 어떤 숫자를 대신하거나 대표하는 문자인지 제시된 조건을 먼저 확인하는 습관을 갖기 바랍니다.

여기서는 a와 b가 자연수를 대표하므로, -5 같은 음수나 $\frac{2}{3}$ 같은 분수 또는 2.5 같은 소수는 이 공식에 적용되지 않는다는 점을 잊지 마세요. 하지만 음수나 분수(소수)도 모두 '덧셈의 교환법칙'이 성립하므로, 만약 이를 통틀어 표현하려면 다음과 같이 일반화하면 되고, 이때는 a와 b가 실수를 대표하는 기호가 됩니다.

두 실수 a, b에 대하여 $a + b = b + a$

3. 컴퓨터처럼 빠르고 정확한 기적의 사칙연산

한때 '19단 암산 곱셈법' 배우기가 유행한 적 있습니다. 인도가 IT

강국이 된 비결이라 하여, 흔히 '인도식 구구단'이라 불린 곱셈 암산법입니다. 하지만 '19단 암산 곱셈법'의 필요성이나 효율성 또는 다른 분야와의 연관성 등 그 자체의 가치는 무시된 채 수학적 이슈가 잠깐 뜨거워졌다가 금세 식어버리는 우리 사회의 경박함이 답답하기만 합니다.

필자의 생각 역시 '19단 암산 곱셈법'만큼은 별로 환영하지 않습니다. 그렇지 않아도 수학을 암기 과목으로 생각하는 학생들에게 또 하나의 짐을 지우는 일이니까요. 그 대신 덧셈과 곱셈의 계산 원리를 쉽게 이해시키면 암기식 못잖은 빠르고 간편한 암산으로 답을 찾아낼 수 있는 '기적의 사칙연산법'이 있습니다. 그리고 이런 계산 원리를 하나씩 익혀 암산에 익숙해진 학생이라면 중학교에서 접할 곱셈공식이나 인수분해도 자연스럽게 익힐 수 있어 적어도 수학을 포기하는 학생이 없어지지 않을까 생각합니다.

지금부터 '컴퓨터처럼 빠르고 정확한 기적의 사칙연산법'을 공부할까요? 이 '사칙연산법'은 다음의 네 가지 원리를 기본으로 합니다.

① 제1 원리는 '인도식 베다 암산법'입니다.

먼저 우리가 학교에서 배우는 계산법과 인도식 베다 암산법의 차이를 한 번 살펴봅시다. 철수가 엄마와 함께 길을 가다 엄마 친구를 만나 인사를 나누고 헤어졌습니다. 철수가 엄마에게 묻습니다.

"엄마, 저 분 성함이 뭐예요?"

"응, 끝 자는 '아'이고, 뒤에서 세 번째 자는 '리'이고, 앞에서 두 번째 자는 '마'이고, 성은 '김'씨란다. 그러니 저 분 성함을 알겠지?"

엄마의 이런 답변에 "예"라고 대답할 수 있는 자녀가 얼마나 될까요? 문제는 철수가 답해야 하는 대답이 '아리마김'이 아니라 '김마리아'이기 때문입니다.

이제 덧셈 계산법부터 알아볼까요? 우리 학생들은 어려서부터 학교에서 1자릿수부터 계산하는 법을 배운 나쁜 버릇 때문에 이렇게 쉬운 계산도 1자릿수부터 합니다.

우리나라식 계산법

```
  2 4 6
+ 1 3 3
-------
      9
    7
  3
-------
  3 7 9
```

인도식 암산법

```
  2 4 6
+ 1 3 3
-------
  3
    7
      9
-------
  3 7 9
```

다들 "뭐가 문제야?"라는 생각이 들 겁니다.

그렇다면 이런 경우는 어떨까요?

우리나라식 계산법

```
  2 7 9
+ 1 3 3
-------
    1 2
  1 0
  3
-------
      2
    1
  4
-------
  4 1 2
```

인도식 암산법

```
  2 7 9
+ 1 3 3
-------
  3
  1 0
    1 2
-------
  4
    1
      2
-------
  4 1 2
```

뭔가 다른 생각이 들지 않습니까?

이 사례에서 알 수 있듯이, 우리나라식 계산법으로는 먼저 '1자릿수 2'를 구해 잊지 않도록 기억해두고, 다음에 '10자릿수 1'을, 그 다음에 '100자릿수 4'를 구합니다. 그런데 정작 요구하는 답은 순서대로 외운 '2, 1, 4'가 아니라, 이 순서를 거꾸로 한 '412'라는 사실입니다. 즉 자신이 구한 답을 '역순逆順으로 바꾸는' 작업을 한 번 더 거쳐야 답이 완성되는 것입니다. 그래도 답이 세 자릿수여서 망정이지 다섯이나 여섯 자릿수라면 암산으로 자기가 계산한 답의 '역순'을 기억하는 것은 쉽지 않을 겁니다.

하지만 인도식 베다 암산법은 가장 높은 자릿수부터 낮은 자릿수로 마치 물 흐르듯 자연스럽게 계산하여 답을 찾는 방식이어서 자신이 암산한 답을 역순으로 고치는 작업이 필요 없습니다. 즉 암산 과정이 바로 답이므로 계산이 쉬우면서도 실수 또한 발생할 이유가 없습니다.

곱셈 계산법도 마찬가지입니다. 17 × 8을 계산해봅시다.

우리나라식 계산법

$$\begin{array}{r} 17 \\ \times\ \ 8 \\ \hline 7\times8=56 \\ 10\times8=80 \\ \hline 56 \\ +8 \\ \hline 6 \\ 13 \\ \hline 136 \end{array}$$

인도식 암산법

$$\begin{array}{r} 17 \\ \times\ \ 8 \\ \hline 10\times8=80 \\ 7\times8=56 \\ \hline 80 \\ +56 \\ \hline 136 \end{array}$$

② 제2 원리는 '모든 수는 0과 어울리기를 좋아한다'는 것입니다. 일례로 17 × 23과 20 × 20의 계산법을 비교해볼까요?

$$\begin{array}{r} 17 \\ \times\ 23 \\ \hline 51 \\ 34 \\ \hline 391 \end{array} \qquad\qquad \begin{array}{r} 20 \\ \times\ 20 \\ \hline 0 \\ 40 \\ \hline 400 \end{array}$$

앞의 경우와 뒤의 경우의 계산법은 천양지차입니다. 뒤의 경우는 바로 암산이 가능하지만, 앞의 경우는 대부분 종이와 연필 없이는 계산이 어렵습니다. 그 차이는 뭘까요? 바로 '0의 존재'입니다.

어떤 수에 0을 곱하면 그 값은 항상 0이 됩니다. 이는 어떤 수에 0을 곱하는 경우에는 그 값을 굳이 기억할 필요가 없다는 뜻입니다. 따라서 우리가 어떤 수를 곱셈하면서 아래 자릿수를 0으로 바꿀 경우가 생길 때, 가능한 한 많은 자릿수들을 0으로 바꿀 수 있다면 암산이 간편해질 뿐 아니라, 계산에서 실수를 할 가능성도 거의 없어지겠지요.

17 × 23은 곱셈과 덧셈을 한꺼번에 섞어서 하느라 실수할 가능성이 높지만, 20 × 20은 '2 × 2 = 4'라는 단 한 번의 구구단만 필요하므로 절대로 실수할 일이 없습니다.

우리가 암산법을 선택하는 데에는 '빠르게 계산'하는 목적도 있지만, 그보다는 오히려 '실수 없이 정확히 계산'하는 것이 더 중요합니다. 계산을 빠르게 했지만 답이 틀렸다면 계산의 의미가 없으니까요. 그런 면에서 0을 많이 이용한 계산은 신속성과 정확성을 모두 잡을 수 있는 일거양득의 암산법입니다.

③ 제3 원리는 '숫자의 특징을 최대한 이용하라'는 것입니다.

숫자 5의 특징은 이렇습니다. 5 × 5 = 25이고, 15 × 15 = 225이며, 25 × 25 = 625, 35 × 35 = 1225, 45 × 45 = 2025 등 항상 끝이 25로 끝난다는 점입니다. 이 원리를 이용하면 다양한 사례를 하나의 공식처럼 활용할 수 있는 장점이 있습니다.

④ 제4 원리는 '숫자를 쪼개서 암산하라'는 것입니다.

이 원리는 제3 원리와도 밀접한 관련이 있습니다. 예를 들어 16 × 75입니다. 그런데 75 × 4 = 300입니다. 그렇다면 16 × 75 = 4 × 4 × 75로 쪼갤 수 있고, 이를 곱셈의 결합법칙을 활용해 4 × (4 × 75) = 4 × 300 = 1200으로 암산할 수 있습니다. 즉 숫자 75의 특징으로 인해 16을 4 × 4로 쪼개기만 해도 바로 암산이 되는 것입니다.

사례를 하나 더 살펴봅시다. 28 × 17입니다. 28 = 4 × 7로 쪼갤 수 있으므로, 4 × 7 × 17을 계산하는 것과 같습니다. 여기서 곱셈의 교환법칙과 결합법칙을 이용해 (7 × 17) × 4로 계산하면 7 × 17 = 119에 4를 곱하는 것이 됩니다. 마지막으로 4를 공통수로 하는 분배법칙을 이용해 (120 − 1) × 4 = 120 × 4 − 1 × 4 = 480 − 4 = 476의 답이 나옵니다. 이 원리는 크고 복잡한 숫자들을 한꺼번에 계산하려면 혼란스러우므로 일단 작은 숫자들로 쪼갠 다음 하나씩 계산하는 방식으로서, 마치 얽힌 실타래를 차근차근 푸는 것과 비슷합니다.

이제부터 본격적으로 '기적의 사칙연산'을 공부할텐데요. 모든 경우에 첫 번째 원리인 '인도식 베다 암산법'은 반드시 적용되며, 앞에서 소개한 둘째에서 넷째까지의 원리들 중 하나 또는 두 가지가 상황에 맞도록 적절히 적용될 것입니다.

1) 덧셈

덧셈은 모든 계산의 기본입니다. 빠른 계산력을 갖고 싶다면 기본적으로 덧셈은 자유자재로 암산할 수 있어야 합니다. 두 자릿수 덧셈을 자유자재로 암산하면 두 자릿수 곱셈도 수월하게 암산할 수 있습니다.

덧셈의 기본 원리는 '받아올림이 없는 경우'와 '받아올림이 있는 경우'의 두 가지입니다. '받아올림이 없는 경우'에는 그냥 앞자리에서 차례대로 암산하면 됩니다. 하지만 '받아올림이 있는 경우'에는 '보수'를 이용하면 됩니다. '보수補數'란 '더했을 때 10, 100처럼 10의 거듭제곱을 만드는 관계에 있는 두 수'를 말합니다. 3의 보수는 7이고, 49의 보수는 51이며, 111의 보수는 889입니다. 이는 사칙연산의 제2 원리인 '모든 수는 0과 어울리기를 좋아한다'를 이용한 것입니다.

그럼 지금부터 '암산만으로 가능한 쉽고 재미있는 덧셈 계산법'을 시작하겠습니다.

① '받아올림이 없는' 계산법

173 + 112나 2315 + 473은 받아올림이 한 번도 일어나지 않습니다. 이처럼 받아올림이 없는 계산은 그냥 앞자리에서 차례대로 암산하면 됩니다.

예 1

```
  173
+ 112
-----
 2
  8
   5
-----
  285
```

예 2

```
  2315
+  473
------
 2
  7
   8
    8
------
  2788
```

② '받아올림이 있는' 계산법

ⓐ '더해서 10'이 되는 수

39 + 26을 계산합시다. 이것은 받아올림이 있으므로 보수를 이용하는 것이 편합니다. 먼저 1자릿수가 10에 가까운 수를 선택합니다. 여기서는 39가 되겠지요? 39가 10의 배수가 되려면 1이 필요합니다. 그래서 더하려는 숫자 26에서 1을 떼어옵니다. 그러면 39 + 1 = 40이 되는 대신, 26은 1을 떼어주었으므로 26 − 1 = 25가 됩니다. 따라서 이 암산은 결국 40 + 25와 마찬가지가 되었습니다.

54 + 18 역시 1자릿수가 10에 가까운 수 18을 선택합니다. 이 수가 10의 배수가 되려면 2가 필요하므로 54에서 2를 떼어옵니다. 그러면 18 + 2 = 20이 되고, 54 − 2 = 52가 됩니다. 이 20 + 52 = 72가 구하려는 답이 되지요.

예 1 39 + 26 = ?

```
39 + 1 = 40
26 − 1 = 25 +
         ----
         65
```

예 2 54 + 18 = ?

```
18 + 2 = 20
54 − 2 = 52 +
         ----
         72
```

참고로 39 + 26에서 1자릿수가 10에서 먼 수, 즉 26을 선택했다고 칩시다. 그러면 6의 보수 4를 39에서 가져와 26 + 4 = 30을 만드는 대신, 39에서 4를 떼어내야 하므로 39 − 4 = 35를 만듭니다. 그리하여 30 + 35 = 65라는 답을 찾아도 됩니다.

여기서 생각해봅시다. 1을 떼어내거나 붙이는 것이 쉽나요, 아니면 4를 떼어내거나 붙이는 것이 쉽나요? 당연히 1이겠지요? 1이 4보다 작은 수이니까요. 그래서 보수를 이용할 때는 가능한 한 1자릿수가 10에 가까운 수를 선택하는 것이 편리하답니다.

ⓑ 여러 개의 합이 10이나 20이 되는 수

다음과 같이 여러 개의 수의 합이 10 또는 20이 되는 수는 적극 활용하는 것이 좋습니다. 물론 숫자들이 연속으로 있지 않아도 적용 가능합니다. 덧셈의 교환법칙이 성립하기 때문이니까요.

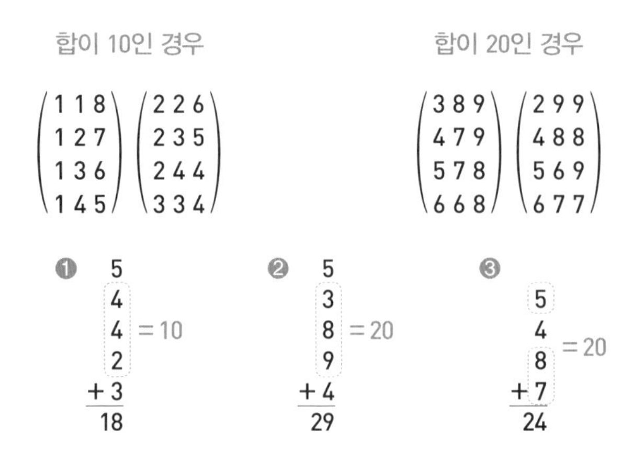

ⓒ '더해서 100'이 되는 수

196 + 117을 계산해봅시다. 역시 10자릿수가 100에 가까운 수를 선택하면 196이 됩니다. 196이 100의 배수가 되려면 4가 필요합니다. 그래서 더하려는 숫자 117에서 4를 떼어옵니다. 그러면 196 + 4 = 200이 되고, 117은 4를 떼어주었으므로 117 − 4 = 113이 됩니다. 따라서 이 암산은 200 + 113과 같아졌습니다.

693 + 892에서는 10자릿수가 100에 가까운 수의 차이가 1밖에 되지 않으므로 어떤 수를 선택해도 무방하겠네요. 하지만 배운 대로라면 693 + 7 = 700이 되고, 892 − 7 = 885가 됩니다. 따라서 700 + 885 = 1585가 됩니다.

예 1 196 + 117 = ?

196 + 4 = 200

117 − 4 = 113 +

313

예 2 693 + 892 = ?

693 + 7 = 700

892 − 7 = 885 +

1585

ⓓ '더해서 1000'이 되는 수

예 1 3892 + 1989 = ?

1989 + 11 = 2000

3892 − 11 = 3881 +

5881

2) 뺄셈

뺄셈의 기본 원리도 '받아내림이 없는 경우'와 '받아내림이 있는 경우'로 덧셈과 동일합니다. '받아내림이 없는 경우'에는 그냥 앞자리에서 차례대로 계산하면 됩니다. 하지만 '받아내림이 있는 경우'에는 '보수의 역산'을 이용합니다. 여기에 적용된 원리 역시 '모든 수는 0과 어울리기를 좋아한다'는 제2 원리로서 구체적으로는 다음과 같습니다.

(1) $10-3=(\quad)$ ➡ $3+(\quad)=10$

(2) $100-45=(\quad)$ ➡ $45+(\quad)=100$

(3) $1000-789=(\quad)$ ➡ $789+(\quad)=1000$

① '받아내림이 없는' 계산법

373 − 112나 2645 − 423 같은 계산은 받아내림이 없으므로 그냥 앞자리에서 차례대로 암산하면 됩니다.

예 1

```
  373
- 112
-----
 2
  6
   1
-----
  261
```

예 2

```
 2645
- 423
-----
2
 2
  2
   2
-----
 2222
```

② '받아내림이 있는' 계산법

ⓐ 10의 배수 – 어떤 수

100 – 51을 초등학교에서 배우는 방식대로 풀면 이렇습니다. 1자릿수 0에서 1을 뺄 수 없으므로 10자릿수에서 1을 빌려옵니다. 그런데 10자릿수도 0이어서 빌릴 수가 없다보니 할 수 없이 100자릿수에서 빌려옵니다. 그 결과 100자릿수의 1은 없어지면서 10자릿수는 9가 되고 1자릿수는 10이 되었습니다. 그래서 10에서 1을 빼니 9가 되고, 10자릿수 9에서 5를 빼니 4가 되어 49가 구해집니다.

그런데 이 계산법은 1자릿수부터 거꾸로 올라가 9를 받고 또 받는 번거로운 방식을 취하지 않고 아예 처음부터 맨 위 자릿수가 없어지면서 그 아래 자릿수에 연속해서 9를 만들어주고 마지막 1자릿수는 10을 만드는 빠른 방식을 택했습니다.

따라서 이 계산법은 1자릿수 앞까지는 모두 9에서 빼고, 1자릿수는 10에서 빼면 됩니다.

예1 1000 – 459 = ?	예2 1000 – 74 = ?	예3 1000 – 4 = ?
9 9 10	9 9 10	9 9 10
1000 – 459	1000 – 074	1000 – 004
= 541	= 926	= 996

ⓑ 두 자릿수 – 어떤 수

91 – 7은 다음과 같이 생각합니다. 91에서 1자릿수 1은 남겨두고 90만 가지고 빼는 것입니다. 그리고 빼는 숫자도 7을 빼지 말고 아예

10을 뺀 다음, 7의 보수인 3을 더해줍니다. 그러면 90 − 10 = 80이고, 1 + 3 = 4가 되어 84가 되지요.

73 − 28도 마찬가지입니다. 73에서 1자릿수 3은 남겨두고 70만을 사용합니다. 그리고 28 = 30 − 2이므로, 아예 30을 빼는 대신 보수 2를 1자릿수에서 더해줍니다. 그러면 70 − 30 = 40이 되고, 3 + 2 = 5가 되어 구하려는 답은 45가 됩니다.

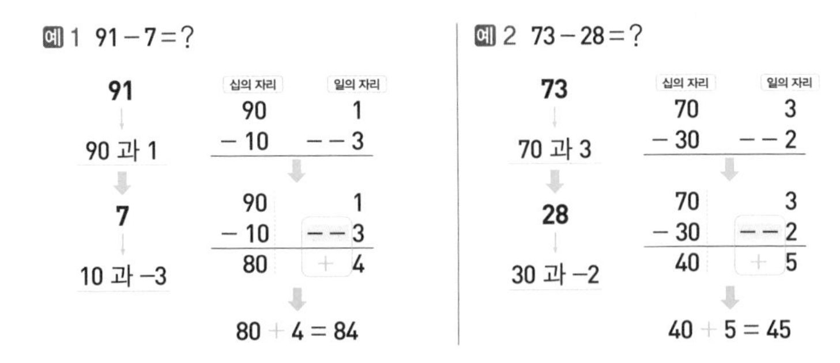

ⓒ 세 자릿수 − 어떤 수

312 − 28인 경우, 312에서 12는 남겨두고 300에서 (30 − 2)를 빼는 겁니다. 따라서 300 − 30 = 270과 12 + 2 = 14를 더하여 284를 찾는 식입니다.

753 − 268은 조금 복잡한데요. 역시 753에서 53은 남겨두고 700만을 사용합니다. 그 대신 268은 (270 − 2)로 생각합니다. 그러면 700 − 270 = 430이 되고, 남겨 두었던 53 + 2 = 55가 되므로, 이 두 수를 더한 430 + 55 = 485가 되지요.

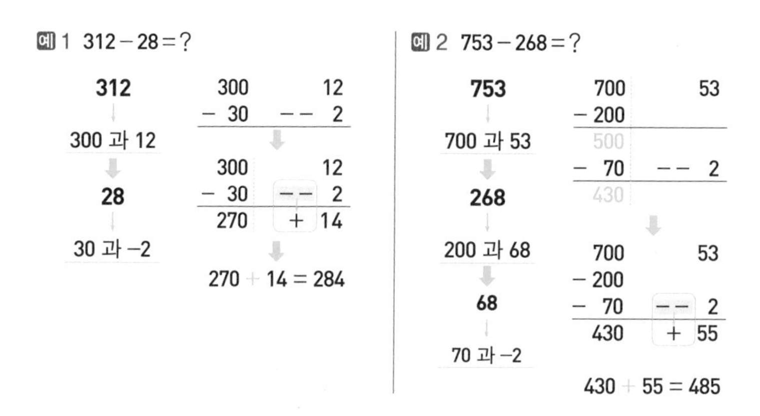

③ 동전 지불 방식

여러분이 가게에서 동전으로 물건을 살 경우 어떻게 행동합니까? 먼저 자기가 가진 돈이 얼마인지 확인합니다. 일례로 여러분에게 500원짜리 동전 세 개가 있다고 가정합시다. 맛있어 보이는 초콜릿이 한 개에 230원입니다. 이때 여러분은 '500원짜리 동전 하나로 초콜릿 두 개를 사면 거스름돈이 40원 남겠네!'라는 생각을 하게 되고, 곧바로 '그러면 동전 세 개로 모두 초콜릿을 사면 초콜릿 여섯 개에 거스름돈은 120원이 남겠구나!'라는 놀라운 계산 능력이 발휘됩니다. 이처럼 자기가 좋아하는 상황을 맞이하면 평소에 산수를 못하던 친구의 머리도 이렇게 잘 돌아갑니다.

이 계산은 우리가 같은 물건을 여러 개 산 다음 돈을 지불할 경우에 적용되는 암산법으로, 네 번째 핵심 원리인 '숫자를 쪼개서 암산하라'와 '뺄셈과 곱셈의 분배법칙'을 적용했습니다.

ⓐ '자투리가 없는' 수

예 1 $300 - 48 \times 6 = ?$ $(50 - 48) \times 6$ $= 2 \times 6 = 12$	[원리] $300 - 48 \times 6$ $= 50 \times 6 - 48 \times 6$ $= (50 - 48) \times 6$ $= 2 \times 6 = 12$
예 2 $8000 - 970 \times 8 = ?$ $(1000 - 970) \times 8$ $= 30 \times 8 = 240$	[원리] $8000 - 970 \times 8$ $= 1000 \times 8 - 970 \times 8$ $= (1000 - 970) \times 8$ $= 30 \times 8 = 240$

ⓑ '자투리가 있는' 수

예컨대 내가 7000원을 가지고 1880원짜리 펜을 3개 사려고 합니다. $7000 - 1880 \times 3$에서 2000원이면 1880원을 지불하고 120원이 남습니다. 따라서 3개 값을 지불하려면 $2000 \times 3 = 6000$원으로 충분하기 때문에, 내가 가진 7000원 중에 1000원은 계산에서 쓸모가 없습니다. 따라서 1000원을 자투리가 있는 수로 생각하여 따로 떼어놓고 계산하는 겁니다.

예 1 $7000 - 1880 \times 3 = ?$ $(1000 + 6000) - 1880 \times 3$ $= 1000 + (2000 - 1880) \times 3$ $= 1000 + 120 \times 3 = 1360$	[원리] $7000 - 1880 \times 3$ (※ $7000 - 2000 \times 3 = 1000$만큼 제외) $= (1000 + 6000) - 1880 \times 3$ $= 1000 + (2000 \times 3) - 1880 \times 3$ $= 1000 + (2000 - 1880) \times 3$ $= 1000 + 120 \times 3 = 1360$

예 2 $5160 - 480 \times 8 = ?$

$(1160 + 4000) - 480 \times 8$

$= 1160 + (500 - 480) \times 8$

$= 1160 + 20 \times 8 = 1320$

[원리] $5160 - 480 \times 8$

(※ $5160 - 500 \times 8 = 1160$만큼 제외)

$= (1160 + 4000) - 480 \times 8$

$= 1160 + (500 \times 8) - 480 \times 8$

$= 1160 + (500 - 480) \times 8$

$= 1160 + 20 \times 8 = 1320$

3) 곱셈

① 10자릿수가 같은 두 수(1)

11 × 12를 계산합시다. 먼저 우리나라식 계산법입니다.

```
   1 1
 × 1 2
 -----
   2 2
 1 1
 -----
     2
   3
 1
 -----
 1 3 2
```

132입니다.

그런데 이 계산 원리를 살펴봅시다.

```
     1 1 = 10 + 1
   × 1 2 = 10 + 2
  ----------------
   2 ×  1 =     2
   2 × 1 0 =   2 0
 1 0 ×  1 =   1 0
 1 0 × 1 0 = 1 0 0
  ----------------
```

이를 더한 값이 132이지요.

하지만 이를 인도식 암산법으로 암산할까요.

$$
\begin{array}{r}
10+1 \\
\times\ 10+2 \\
\hline
10\times10=100 \\
1\times10=\ \ 10 \\
10\times\ \ 2=\ \ 20 \\
1\times\ \ 2=\ \ \ \ 2
\end{array}
$$

이고,

역시 이를 더한 값이 132입니다.

그런데 여기에 나온 130은 (100 + 10) + 20 = 110 + 20임을 알 수 있습니다.

$$
\begin{array}{r}
11 \\
\times\ 12 \\
\hline
10\times10=100 \\
1\times10=\ \ 10
\end{array}
\Big] \ 11\times10=110
$$

그리고 $10\times\ 2=\ 20$ 인 것이지요.

따라서 130은 $\begin{array}{r} 11 \\ \times\ 12 \\ \hline \end{array}$ ➡ $\begin{array}{r} 11 \\ +\ \ 2 \\ \hline \end{array}$ 즉 (11 + 2) = 13

13×10의 값입니다.

그리고 2는 1 × 2에서 나온, 즉 $\begin{array}{r} 11 \\ \times\ 12 \\ \hline 2 \end{array}$ 임을 알 수 있습니다.

이를 교환법칙과 분배법칙을 활용하여 정리하면,

10 × 10 + 1 × 10 + 10 × 2 + 1 × 2

= 10 × 10 + 1 × 10 + 2 × 10 + 1 × 2

= (10 + 1 + 2) × 10 + 1 × 2

= (11 + 2) × 10 + 1 × 2

= 13 × 10 + 1 × 2

= 130 + 2

= 132가 됨을 알 수 있지요?

이 암산법은 '모든 수는 0과 어울리기를 좋아한다'는 제2 원리를 이용한 암산법입니다.

이제부터 12 × 13은

$$\begin{array}{r} 12 \\ \times 13 \\ \hline (12+3)\times 10 = 150 \\ 2\times \ 3 = \quad 6 \\ \hline 156 \end{array}$$

이 됨을 알 수 있습니다.

따라서 1◆ × 1△의 암산법은 (1◆ + △) × 10 + ◆ × △가 되겠습니다.

그러면 17 × 14의 답은 얼마일까요? (17 + 4) × 10 = 210이고, 7 × 4 = 28이므로 210 + 28 = 238이 되겠지요. 마찬가지로 19 × 15의 답은 (19 + 5) × 10 = 240에, 9 × 5 = 45이니까 285가 될 것이고요.

다음은 24 × 26을 암산합시다.

$$\begin{array}{r} 24 \\ \times 26 \\ \hline 20\times 20 = 400 \\ 4\times 20 = \ \ 80 \\ 20\times \ 6 = 120 \\ 4\times \ 6 = \ \ 24 \end{array} \quad \left.\begin{array}{l} \\ \\ \end{array}\right] = 600$$

이고,

이를 합산한 값은 624입니다.

여기에 나온 600은 (20 × 20) + (4 × 20) + (20 × 6)

= (20 × 20) + (4 × 20) + (6 × 20)

= (20 + 4 + 6) × 20

= (24 + 6) × 20임을 알 수 있습니다.

$$
\begin{array}{r}
24 \\
\times 26 \\
\hline
(24+6)\times 20 = 600 \\
4\times \ \ 6 = \ \ 24 \\
\hline
624
\end{array}
$$

가 됨을 알 수 있습니다.

따라서 2◆ × 2△의 암산법은 (2◆ + △) × 20 + ◆ × △가 됩니다.

이 계산은 10자릿수가 2, 즉 20단이다보니 10이 아니라 20을 곱하는 것이 10단 암산법과 다르다는 점만 잊지 않으면 되겠네요.

그렇다면 $28 \times 25 = (28 + 5) \times 20 = 660$이고, $8 \times 5 = 40$이므로, 답은 700이 되겠지요? 또한 $29 \times 21 = (29 + 1) \times 20 = 600$이고, $9 \times 1 = 9$이므로 609일 것이고요.

같은 원리로 3◆ × 3△의 값은 (3◆ + △) × 30 + ◆ × △입니다. 예를 들면 33 × 32의 값은 $(33 + 2) \times 30 + 3 \times 2$이므로 $35 \times 30 + 3 \times 2 = 1050 + 6 = 1056$이 되지요.

지금까지 배운 암산법은 14 × 17이라든지 21 × 23, 37 × 32, 45 × 49처럼 10의 자리 수가 같은 경우의 암산법이었습니다.

② 10자릿수가 같은 두 수(2) – 십등일합

이렇게 쉬운 암산법 속에 더 쉬운 암산법이 숨어 있으니 그냥 갈 수는 없겠지요?

1◆ × 1△의 암산법은 (1◆ + △) × 10 + ◆ ×△라고 배웠습니다.

그렇다면 14 × 16의 값은 얼마일까요?

$(14 + 6) \times 10 + 4 \times 6 = 20 \times 10 + 4 \times 6 = 200 + 24 = 224$일 것입니다.

한 번 더 해봅시다. 18 × 12의 값은요?

(18 + 2) × 10 + 8 × 2 = 20 × 10 + 8 × 2 = 200 + 16 = 216입니다.

여기서 무슨 느낌이 오지 않습니까? 그렇습니다. 14와 16, 그리고 18과 12의 1자릿수들은 더하면 10이 되는, 즉 10의 보수補數의 쌍입니다. 10의 보수, 즉 1과 9, 2와 8, 3과 7, 4와 6, 5와 5는 자연스럽게 합이 10이므로 20 × 10 = 200에다가 1 × 9 = 9 또는 2 × 8 = 16, 3 × 7 = 21 등을 덧붙이기만 하는 됩니다. 예를 들어 17 × 13 = 200 + 21 = 221이 되지요.

그렇다면 24 × 26 = 30 × 20 + 4 × 6 = 624가 되겠지요.

암산 천재 초등생이 한 TV 프로그램에 출연해 45 × 45 = 2025, 67 × 63 = 4221을 즉석에서 대답하는 장면이 있었습니다만, 그 학생은 이 원리를 이용한 것이었습니다. 67 × 63 = (67 + 3) × 60 + 7 × 3이므로 70 × 60 = 4200에다 7 × 3 = 21을 더해 4221이란 대답을 바로 할 수 있었습니다.

이 암산법은 두 수를 더하면 10이 되는 보수 개념까지 해서 '모든 수는 0과 어울리기를 좋아한다'는 제2 원리가 한꺼번에 두 번이나 적용되는 바람에 아예 10자릿수조차 0으로 만들어버려 암산이 훨씬 쉬워졌습니다.

따라서 이 글을 읽는 여러분도 이제부터는 천재입니다. 55 × 55는 얼마일까요? 5 × 6 = 30이니까 3000이고 5 × 5 = 25이므로 답은 3025입니다. 그리고 65 × 65 = 4225이고, 75 × 75 = 5625입니다. 마찬가지로 51 × 59는 5 × 6 = 30이니까 3000이고 1 × 9 = 9이므로 3009이고, 62 × 68 = 4216이 되겠네요.

그래서 이런 수들만 모아 별도의 이름을 붙여 '십등일합十等一合'이라 한답니다. '10자릿수는 같고等, 1자릿수는 더해合 10이 되기' 때문이라네요.

결론적으로 십등일합인 수의 곱셈법, 즉 ★◇ × ★△의 값은 ◇ + △ = 10이므로, {(★ + 1) × ★} × 100 + ◇ × △가 된다는 것입니다. 32 × 38 = (4 × 3) × 100 + 2 × 8 = 1200 + 16 = 1216인 것이지요. 91 × 99 = (10 × 9) × 100 + 1 × 9이니까 9000 + 9 = 9009가 되겠네요. 정말 쉽죠?

③ 두 수가 같은 '완전제곱수'

26 × 26, 즉 26^2의 쉬운 암산법은 뭘까요? 기본적으로는 방금 배운 대로 (26 + 6) × 20 + 6 × 6 = 32 × 20 + 6 × 6 = 640 + 36 = 676으로 암산하면 됩니다. 하지만 이보다 더 쉬운 방법이 있답니다.

26^2을 26 × 26으로 암산하는 것이 아니라, 한 쪽은 10의 배수가 되도록 4를 더 키워 30으로 하고, 그 대신 다른 한쪽은 커진 수만큼 반대로 4를 줄인 22로 만들어 30 × 22로 암산하는 것입니다. 그래서 30 × 22 = 660이 되고, 여기서 '키운 수 4'와 '줄인 수 4'를 곱한 16을 더하면, 즉 660 + 16 = 676이 되는 겁니다.

이 암산법을 가리켜 '슬라이드Slide 방식'이라 하는데요. 한 쪽으로 몇 단계 밀려 올라가는 대신, 다른 쪽에서는 반대로 몇 단계 밀려 내려온다고 해서 붙인 이름입니다.

그렇다면 이렇게 암산하는 이유와 수학적 근거는 뭘까요? 먼저 26 × 26과 30 × 22 중에서 후자가 암산이 더 쉬울 거라는 것은 쉽게 이해되지요? 2대 2의 복잡한 계산보다는 1대 2로 암산한 답에 0을 하나 더 붙이는 방법이니까요. '모든 수는 0과 어울리기를 좋아한다'는 제2 원리를 이용한 암산법이지요. 그리고 이 암산의 수학적 근거는 인수분해를 활용해 만들어진 공식이라는 점을 기억하세요.

$$★^2 - ◇^2 = (★ + ◇)(★ - ◇)$$

$$★^2 = (★ + ◇)(★ - ◇) + ◇^2$$

$$26^2 = (26 + 4)(26 - 4) + 4^2$$

$$= 30 \times 22 + 4^2$$

여기서 상식으로 알아둘 수학 지식이 하나 있습니다.

'길이가 20cm인 노끈으로 사각형을 만들 때 넓이가 가장 큰 사각형은 어떤 형태일까요?'

사각형을 만들려면 네 변이 필요한데요. 마주 보는 두 변은 각각 길이가 같으므로 결국 20을 2로 나눈 10cm가 가로와 세로의 길이의 합이 되겠습니다. 따라서 가로를 1cm, 세로를 9cm로 하면 넓이는 9cm^{2}가 됩니다. 그리고 가로를 2cm, 세로를 8cm로 하면 16cm^{2}가 되고, 가로를 3cm, 세로를 7cm로 하면 21cm^2, 가로를 4cm, 세로를 6cm로 하면 24cm^2, 가로를 5cm, 세로를 5cm로 하면 25cm^{2}가 되겠네요. 그렇다면 정사각형일 때 넓이가 가장 크다는 결론이 나오네요.

한편, 이들 각 사각형의 넓이의 차는 가로 5cm, 세로 5cm를 기준으로 하여 각각 1cm가 크고 작으면 $1 \times 1 = 1$, 2cm가 크고 작으면 $2 \times 2 = 4$, 3cm이면 $3 \times 3 = 9$, 4cm이면 $4 \times 4 = 16$의 차이가 납니다.

이를 다음과 같이 표로 만들면 그 값이 항상 일정하다는 것을 알 수 있습니다.

7 × 7 = 49	20 × 20 = 400	35 × 35 = 1225	**차이**	**기준**
6 × 8 = 48	19 × 21 = 399	34 × 36 = 1224	−1, 1	−1
5 × 9 = 45	18 × 22 = 396	33 × 37 = 1221	−2, 2	−4
4 × 10 = 40	17 × 23 = 391	32 × 38 = 1216	−3, 3	−9
3 × 11 = 33	16 × 24 = 384	31 × 39 = 1209	−4, 4	−16
2 × 12 = 24	15 × 25 = 375	30 × 40 = 1200	−5, 5	−25

이 원리를 위의 암산법에 그대로 적용하면 26 × 26으로 암산할 것을 네 번 슬라이드된 30 × 22로 암산함으로써 그 값이 원래보다 작아졌으니, 30 × 22의 값에다 네 번 슬라이드된 4 × 4의 값을 더해야 하는 이유를 이해하겠지요?

그러면 48^2의 값은 얼마일까요? 슬라이드 방식을 이용하면 50 × 46 = 2300이고 두 번 슬라이드했으니 2 × 2 = 4를 더하면 2304가 되겠네요.

다시 한 번 해보면 87^2의 값은 얼마일까요? 90 × 84 = 7200 + 360 = 7560이고, 여기에 세 번 슬라이드된 3 × 3 = 9를 더하므로 7569가 됩니다.

그런데 여기서 조금 더 크게 슬라이드를 하면 어떨까요? 슬라이드를 13번 해서 100 × 74로 만드는 겁니다. 이 경우 7400에다 13 × 13 = 169를 더해도 7569가 됩니다.

이 경우에 어느 방식이 쉬운지는 사람에 따라 각기 다르겠지만, 분명한 사실은 이런 식의 암산법을 익히다보면 13^2 같은 수는 굳이 외우려고 하지 않아도 자연스럽게 외워진다는 것입니다. 그렇다면 당연히 후자의 방식이 쉬울 겁니다.

한 번만 더 연습하지요. 212^2의 값은 얼마일까요? 12번을 슬라이드하면 $200 \times 224 = 44800$이고 여기에 슬라이드된 12×12, 즉 $12^2 = 144$를 더하면 44944가 됩니다.

이제 여러분은 종이와 연필 없이 암산만으로도 복잡한 수를 컴퓨터처럼 빠르고 정확하게 계산할 수 있게 되었습니다. 이런 암산법이라면 초등생이 길을 가면서도 얼마든지 연습할 수 있습니다. 두뇌 훈련이라 해서 대단한 것이 아닙니다. 틈날 때마다 이런 암산법을 반복하면 자기도 모르는 사이에 웬만한 숫자의 곱셈은 자연스럽게 외우게 될텐데요. 이것이 바로 두뇌 훈련Mental Training인 것입니다.

④ 10자릿수가 다른 두 수(1) – 십합일등

세상에는 10자릿수가 같은 두 수의 곱셈도 많지만, 그렇지 않은 경우가 더 많습니다. 이런 수많은 경우의 계산들은 어떻게 할까요?

먼저 '십합일등十合一等'인 수부터 살펴볼까요? 이미 앞에서 '10자릿수는 같고, 1자릿수를 더하면 10이 되는 수'를 '십등일합'이라고 배웠으니, '십합일등'은 반대로 '10자릿수를 더하면 10이 되고, 1자릿수가 같은 수'가 되겠네요. 27×87이라든지 35×75같은 수가 해당되겠지요?

그러면 암산법을 알아봅시다.

$$
\begin{array}{r}
2\,7 \\
\times\,8\,7 \\
\hline
20 \times 80 = 1600 \\
20 \times \ \ 7 = \ \ 140 \\
80 \times \ \ 7 = \ \ 560 \\
7 \times \ \ 7 = \ \ \ \ 49 \\
\hline
2349
\end{array}
$$

$20 \times 7 + 80 \times 7 = (20 + 80) \times 7 = 100 \times 7 = 700$

$(20 \times 80) + 700 = (2 \times 8) \times 100 + 700 = (2 \times 8 + 7) \times 100 = 2300$

따라서 이를 공식 형태로 정리하면

$$
\begin{array}{r}
2\,7 \\
\times\ 8\,7 \\
\hline
\{(2 \times 8) + 7\} \times 1\,0\,0 = 2\,3\,0\,0 \\
7 \times \quad 7 = \quad 4\,9 \\
\hline
2\,3\,4\,9
\end{array}
$$

가 됩니다.

이 암산법을 인수분해로 설명하면 다음과 같은데, 여러분은 아직 인수분해를 배우지 않았으니 그냥 계산 원리만 정확하게 익혀 두세요.

두 수를 각각 ◇★와 △★(◇ + △ = 10)이라고 하면

(10 × ◇ + ★) × (10 × △ + ★)

= 100 × ◇ × △ + 10 × ◇ × ★ + 10 × △ × ★ + ★²

= 100 × ◇ × △ + 10(◇ × ★ + △ × ★) + ★²

= 100 × ◇ × △ + 10(◇ + △)★ + ★²

= 100 × ◇ × △ + 10 × 10 × ★ + ★² ⬅ ◇ + △ = 10

= 100 × ◇ × △ + 100 × ★ + ★²

= 100(◇ × △ + ★) + ★²

그러면 35 × 75의 값은 얼마일까요? 3 × 7 + 5 = 26이니 2600이고

$5 \times 5 = 25$이니, 더하면 2625입니다.

그리고 91×11의 값은 $9 \times 1 + 1 = 10$이니 10의 100배인 1000에다 $1 \times 1 = 1$을 더하면 1001이 되겠네요. 이 역시 '모든 수는 0과 어울리기를 좋아한다'는 원리를 이용한 방법입니다.

⑤ 10자릿수가 다른 두 수(2)

22×18은 얼마일까요?

여기서 잠깐. 앞에서 배운 '제곱수'의 암산법을 기억하나요? 26×26을 암산하는데 30×22의 값에다 네 번 슬라이드된 4×4의 값을 더하는 방법 말입니다.

그렇다면 이 경우는 반대로 다시 완전제곱수로 고치면 어떨까요?

22는 아래로 두 번 슬라이드하여 20으로, 그리고 18은 위로 두 번 슬라이드하여 20으로 만드는 겁니다. 그러면 결국 20×20이 되어 쉽게 암산이 되지 않겠습니까? 그 대신 이번에는 22×18을 더 큰 값인 정사각형 형태의 20×20으로 바꿨으니 두 번 슬라이드된 2×2는 빼주는 것이 당연하겠지요? 이를 식으로 나타내면 $20 \times 20 - 2 \times 2 = 400 - 4 = 396$이 됩니다.

이 암산법의 인수분해 공식은 이렇습니다.

$(★ + ◇)(★ - ◇) = ★^2 - ◇^2$

중학교에서는 이 공식을 '합(+) · 차(−)는 제곱차(−)' 공식이라고 부른답니다.

$22 \times 18 = (20 + 2)(20 - 2) = 20^2 - 2^2 = 400 - 4 = 396$이 되는 것이지요.

이 암산법은 '두 수의 중앙수가 10의 배수'일 경우에 이용하면 정말로 편리합니다.

15 × 25이라면 중앙수가 20이고 슬라이드는 5이므로, 20 × 20 − 5 × 5 = 400 − 25 = 375가 되고, 폭을 더 넓히면 19 × 41은 정중앙 수가 30이고 슬라이드가 11이므로 30 × 30 − 11 × 11 = 900 − 121 = 779가 됩니다. 이 경우는 제2 원리인 '모든 수는 0과 어울리기를 좋아한다'를 이용한 것이지요.

그런데 29 × 41의 경우에도 정중앙 수는 35이고 슬라이드가 6이므로, 암산해보면 35 × 35 − 6 × 6이 됩니다. 그리고 35 × 35는 십등일합 원리에 따라 간단히 1225를 구할 수 있으므로 1225 − 36 = 1189가 될 것입니다. 다만 이 경우는 제2 원리가 아니라 제3 원리인 '숫자의 특징을 최대한 이용하라'를 활용한 암산법입니다.

따라서 이 암산법은 '두 수의 중앙수가 10의 배수'일 뿐만 아니라, '5의 배수'일 경우에도 충분히 이용할 수 있겠지요?

그러면 104 × 96의 값은 얼마일까요? 중앙수는 100이고 슬라이드가 4이니, 100 × 100 − 4 × 4 = 10000 − 16 = 9984가 되네요.

⑥ 10자릿수가 다른 두 수(3)

13 × 29의 값은 얼마일까요? 여기서 먼저 13 × 30을 암산합시다. 13 × 30 = 390으로 간단하지요? '모든 수는 0과 어울리기를 좋아한다'는 원리를 이용했으니 당연히 쉽겠지요.

그러면 원래 문제로 돌아와 생각합시다. 13 × 29는 '13을 29번 더한다'는 말입니다. 따라서 13 × 29는 13을 서른 번 더한 후에 13을 한 번만 빼주면 되지 않습니까? 그러므로 13 × 29 = 13 × (30 − 1) = 13 × 30 − 13 × 1이므로 390 − 13 = 377이 될 것입니다.

우리는 이런 종류의 식을 편의상 '한두 끝 차이 곱셈'이라 부르겠습니다. 마찬가지로 13 × 31의 값은 13 × 30 + 13 × 1로 암산하면 되니, 390 + 13 = 403이 되겠지요.

이 암산법의 수학적 근거는 다음의 괄호 풀기를 활용한 분배법칙입니다.

★ × (◇ ± △)

= ★ × ◇ ± ★ × △

위의 방식을 적용해 계산하면 29 × 49는 얼마일까요?

29 × 49 = 29 × (50 − 1) = 29 × 50 − 29 × 1 = 1450 − 29 = 1421이 됩니다. 이것은 '한 끝 차이 곱셈'입니다.

그러면 8 × 122의 값은 얼마일까요? 8 × 122 = 8 × (120 + 2) = 8 × 120 + 8 × 2 = 960 + 16 = 976이 됩니다. 이것은 '두 끝 차이 곱셈'입니다.

⑦ 두 가지 계산법을 섞은 '혼합 곱셈'

이제 마지막으로 47 × 54의 값은 얼마일까요? 지금까지 배운 공식들 중에 어느 것을 이용하면 쉽게 풀릴까요? 적용 공식이 생각났나요?

아쉽게도 이 문제를 한 번에 풀 수 있는 공식은 없습니다. 그러면 기존 방식대로 풀어야 할까요?

바로 이런 것이 수학의 묘미입니다. 지금까지 배운 공식을 제대로 이해했다면, 이 문제에서 응용력을 발휘할 수 있기 때문이니까요. 이제부터 우리가 배운 내용을 하나씩 상기하며 풀어봅시다.

먼저 $47 \times 54 = 47 \times 53 + 47$로 나누어 암산하면 되겠지요? '한 두 끝 차이 곱셈' 계산법을 적용했습니다. 그 다음 53×47은 '두 수의 중앙수가 10의 배수' 공식을 적용해 $50 \times 50 - 3 \times 3$으로 암산할 수 있지요? 그러면 답은 이미 나왔습니다. 이제부터는 간단한 사칙연산만 하면 되니까요. 즉 $47 \times 54 = 50 \times 50 - 3 \times 3 + 47$로 암산하면 되고, 그 답은 $2500 - 9 + 47$입니다. 다만 여기서 답을 구할 때 $2500 - 9 = 2491$을 구하고, $2491 + 47 = 2538$을 찾기보다는 $47 - 9$를 먼저 계산해 38을 구하고, $38 + 2500 = 2538$을 찾는 것이 더 쉽다는 점을 명심하세요. 덧셈에서 이미 배운 내용입니다.

이제 아셨지요? 여섯 가지 암산법만 확실하게 익히면 필요에 따라 두세 가지 공식을 함께 활용하여 그 어떤 곱셈도 암산으로 답을 찾을 수 있습니다. 바로 이런 훈련이 두뇌 훈련입니다.

⑧ 보너스

새로운 암산법은 아니지만 쉽게 암산할 수 있는 네 가지 팁을 보너스로 알려드립니다.

ⓐ 빼빼로 수

'☆△ × 11'의 암산법으로서 일명 '빼빼로 계산법'이라 부르는데요.

제3 원리인 '숫자의 특징을 최대한 이용하라'를 활용한 이 암산법의 답은 100자릿수가 ☆이고, 1자릿수가 △이며, 10자릿수는 (☆ + △)가 됩니다. 이런 식의 답이 나오는 원리는 다음과 같습니다.

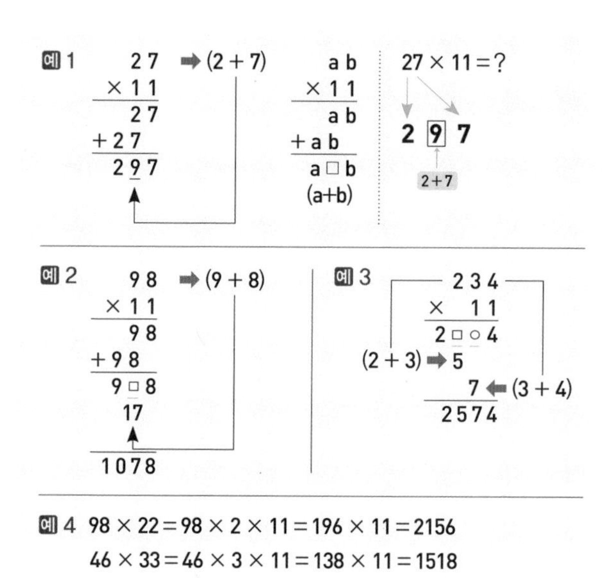

참고로 여기에 적용된 원리는 제4 원리인 '숫자를 쪼개서 계산하라'입니다. 22 = 11 × 2이고, 33 = 11 × 3이며, 44 = 11 × 4 … 99 = 11 × 9이기 때문입니다.

ⓑ 100에 가까운 숫자

이 암산법은 80 이상에서 100 미만 숫자의 곱셈에 이용하면 편리한 방법으로 '100의 보수를 이용한 암산법'입니다.

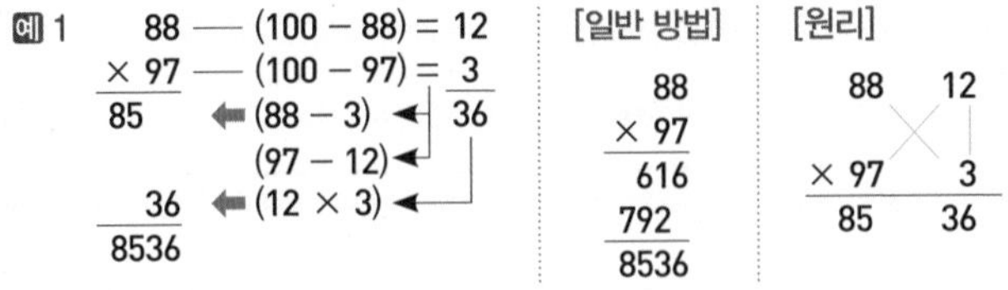

예 1

$$\begin{array}{r l}
88 & —\ (100-88)=12 \\
\times\ 97 & —\ (100-97)=\ \ 3 \\
\hline
85 & \Leftarrow (88-3) \quad 36 \\
 & \quad\ (97-12) \\
36 & \Leftarrow (12\times 3) \\
\hline
8536 &
\end{array}$$

[일반 방법]

$$\begin{array}{r}
88 \\
\times\ 97 \\
\hline
616 \\
792\ \\
\hline
8536
\end{array}$$

[원리]

$$\begin{array}{r r}
88 & 12 \\
\times\ 97 & 3 \\
\hline
85 & 36
\end{array}$$

이 계산법의 원리는 다음과 같습니다.

$$\begin{array}{l}
88\times 97 = 85\times 97 = 85\times(100-\ \ 3) = 85\times 100 - 85\times\ \ 3 \\
\quad +\ \ 3\times 97 = \ \ 3\times(12\ \ +85) = \ \ 3\times\ \ 12 + \ \ 3\times 85 \\
\hline
\quad 88\times 97 \qquad\qquad\qquad\qquad 8500+36+0
\end{array}$$

이를 문자를 사용하여 일반화하면

A × B의 경우, $100-A=X$, $100-B=Y$ 라고 하면

$AB=(100-X)\times(100-Y)$

$=10000-100(X+Y)+XY$

$=100[100-(X+Y)]+XY$ ⬅ $100-X=A$이므로

$=100(A-Y)+XY$입니다.

그런데 63 × 76처럼 '100에서 상당히 먼 숫자'일 경우에는 사용하지 않는 편이 낫습니다. 일단 1000자릿수와 100자릿수는 $100-76=24$이므로 $63-24=39$해서 3900을 어렵지 않게 구했습니다. 하지만 문제는 그 다음부터입니다. $100-63$인 37과 $100-76$인 24를 곱해야 하는데, 이 계산이 63 × 76만큼이나 어렵기 때문입니다. 그렇다면 그냥 두 수를 바로 곱하는 편이 낫지 굳이 빼고 곱하고 더하는 등 요란법석을 떨 이유가 없습니다.

우리가 이 암산법을 활용하려는 이유는 88 × 97은 직접 곱하면 답이 네 자릿수여서 암산이 어렵지만, 100 − 88인 12와 100 − 97인 3을 곱하는 것은 기껏해야 두 자릿수여서 암산이 가능하기 때문입니다. 따라서 이 암산법은 100에서 20 이내의 두 수이거나, 아니면 두 수 가운데 한 수는 100에서 상당히 멀더라도 나머지 한 수가 100에 아주 가까운 수인 경우, 예를 들어 95 × 67 같은 경우에 활용하면 좋습니다.

참고로 95 × 67을 암산하면, 일단 1000자릿수와 100자릿수는 67 − 5 = 62이므로 6200입니다. 그리고 10자릿수와 1자릿수는 100 − 67 = 33이고, 100 − 95 = 5이므로 33 × 5 = 165입니다. 따라서 구하려는 답은 6200 + 165 = 6365입니다.

ⓒ 1자릿수가 5인 수

5는 10과 밀접한 관련이 있습니다. 따라서 이 계산법은 '숫자의 특징을 최대한 이용하라'는 제3 원리를 기본으로 하여 '모든 수는 0과 어울리기를 좋아한다'는 제2 원리와 '숫자를 쪼개서 암산하라'는 제4 원리를 동시에 적용하면 쉽게 암산할 수 있습니다.

㉠ 5, 25, 125인 경우

$5 = \frac{1}{2} \times 10 = 10 \div 2$		$25 = \frac{1}{4} \times 100 = 100 \div 4$		$125 = \frac{1}{8} \times 1000 = 1000 \div 8$	
홀수 35 × 5	짝수 36 × 5	홀수 11 × 25	짝수 12 × 25	홀수 31 × 125	짝수 32 × 125
35 × 10 ÷ 2 = 350 ÷ 2 = 175	18 × 2 × 5 = 18 × 10 = 180	11 × 100 ÷ 4 = 1100 ÷ 4 = 275	3 × 4 × 25 = 3 × 100 = 300	31 × 1000 ÷ 8 = 31000 ÷ 8 = 3875	4 × 8 × 125 = 4 × 1000 = 4000

ⓛ 15, 75인 경우

$15=10\times(1+\frac{1}{2})$		$75=300\div4$	
홀수 35×15	짝수 36×15	홀수 11×75	짝수 12×75
$35\times10\times(1+\frac{1}{2})$ $=350+175$ $=525$	$36\times10\times(1+\frac{1}{2})$ $=360+180$ $=540$	$11\times300\div4$ $=3300\div4$ $=825$	$12\times300\div4$ $=3600\div4$ $=900$

ⓓ 합성수

이 계산법은 제4 원리인 '숫자를 쪼개서 암산하라'를 적용한 방법입니다.

앞에서 28×17을 암산하면, $28=4\times7$이므로 $(4\times7)\times17=4\times(7\times17)=4\times119$로 바꾼 다음, $4\times120-4=480-4=476$을 구했습니다.

그렇다면 28×74는 어떻게 구하면 될까요? 마찬가지 방법으로 $(4\times7)\times74=4\times(7\times74)=4\times518=2072$로 구하면 됩니다.

그런데 여기서는 7×74의 암산이 조금 어렵습니다. 따라서 이 경우에는 $(7\times4)\times74=7\times(4\times74)=7\times(4\times75-4)=7\times300-7\times4=2100-28=2072$로 구하는 것이 쉽습니다. 계산 과정에서 0이 많이 등장하기 때문이니까요.

이처럼 합성수는 숫자의 특성을 빨리 파악해 쉽고 간편한 암산법을 선택하는 것이 중요합니다. 그리하면 계산 과정에서 실수할 가능성을 최대한 줄일 수 있습니다.

⑨ 비상 상황 대처법

곱셈 암산법을 마무리하면서 지금까지 배운 공식이 생각나지 않을 때 바로 대처할 수 있는 두 가지 방법을 간단히 설명하겠습니다.

ⓐ '직사각형의 넓이' 계산법

18 × 23의 계산 방식은 가로 18, 세로 23인 직사각형의 넓이를 구하는 방식과 동일하다고 할 수 있습니다. 직사각형의 넓이를 구하는 공식이 (가로 길이) × (세로 길이)이니까요.

그런데 직사각형의 넓이를 구하는 과정에서 그냥 (가로 길이) × (세로 길이)로 하지 말고, 각각을 10단위와 1단위로 잘라서 그려봅시다. 그러면 다음 그림과 같이 됩니다.

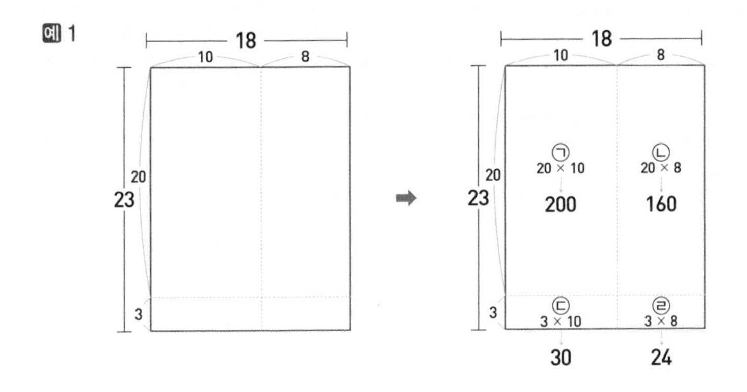

여기서 구하려는 넓이는 (㉠ + ㉡ + ㉢ + ㉣)이고, 이를 모두 더한 값이 바로 곱셈의 답입니다. 그렇다면 곱셈도 이런 방식으로 구하면

될 겁니다.

	23 ×18		2 3×1 8	
㉠ …	20×10=200	앞 세로	앞 ×앞	… 백 단위
㉡ …	20× 8=160	크로스	앞 × 뒤	… 십 단위
㉢ …	10× 3= 30	크로스	뒤×앞	… 십 단위
㉣ …	3× 8= 24	뒤 세로	뒤× 뒤	… 일 단위
	414			백십일 단위

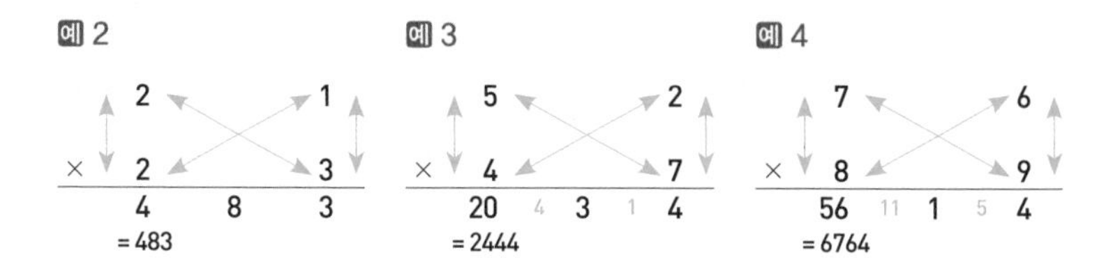

ⓑ '격자식' 계산법

이것은 중세 인도인들이 사용한 여덟 가지의 곱셈법 가운데 여섯 번째로서 '격자Gelosia' 곱셈법이라 불리는 건데요. 지금까지 배운 공식에 적용하기 어렵거나 비상 상황에서, 또는 세 자릿수 이상의 큰 수를 계산할 때 이용하면 편리합니다.

예를 들어 74 × 32를 계산해봅시다.

먼저 두 개의 곱하는 수의 자릿수만큼 칸을 만들고 각 칸마다 오른쪽 위에서 왼쪽 아래로 대각선을 그어 칸을 나눕니다.

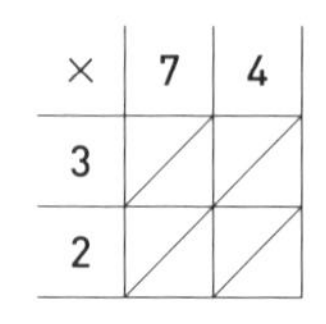

74를 가로 칸에 한 숫자씩 적고, 32는 세로 칸에 한 숫자씩 적습니다.

10자릿수의 곱, 즉 7 × 3 = 21을 두 10자릿수가 만나는, 대각선으로 나눈 칸의 위쪽에 10자릿수인 2, 아래쪽에 1자릿수인 1을 각각 적습니다.

다음으로 3 × 4 = 12를 1과 2로 나누어 각각의 칸에 적고, 다시 2 × 7 = 14도 마찬가지로 합니다.

끝으로 2 × 4 = 8은 10자릿수가 없으므로 08로 생각하여 윗칸에 0, 아랫칸에 8을 나누어 적습니다.

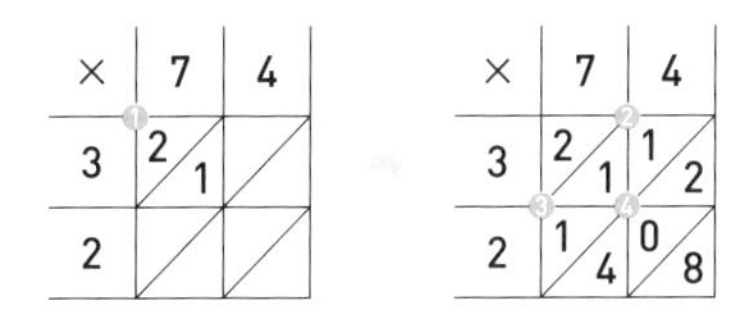

이렇게 각 자리마다 곱셈을 하고 칸을 채운 뒤 칸에 있는 수를 대각선으로 더합니다. 그리하여 앞에서부터 숫자를 적어 나간 2368이 정답이 됩니다.

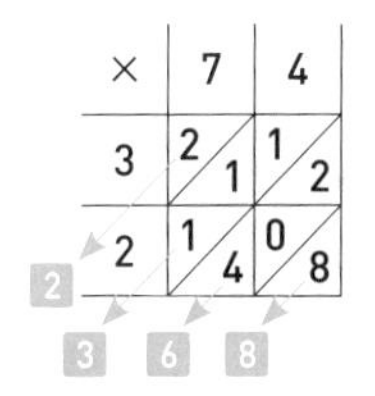

그러면 이번에는 좀 더 큰 수인 732 × 538을 계산해볼까요?

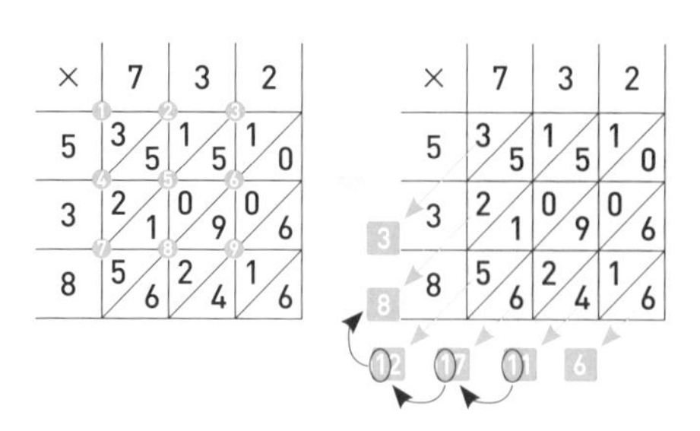

각 칸을 채우고 대각선으로 더하는 계산이 끝나면 앞에서부터 숫자를 적어 나가는데, 만약 더해진 수가 10 이상일 경우에는 윗자리로 받아올림합니다. 그래서 구한 답이 393816입니다.

한편 이 계산법이 서양에 도입되어 계산의 보조도구로 나타난 것이 '네이피어의 계산봉Napier's Bones'입니다.

예를 들어 1615 × 365를 계산하면 이런 식입니다.

1	2	3	4	5	6	7	8	9
1	2	3	4	5	6	7	8	9
2	4	6	8	10	12	14	16	18
3	6	9	12	15	18	21	24	27
4	8	12	16	20	24	28	32	36
5	10	15	20	25	30	35	40	45
6	12	18	24	30	36	42	48	54
7	14	21	28	35	42	49	56	63
8	16	24	32	40	48	56	64	72
9	18	27	36	45	54	63	72	81

1	6	1	5
1	6	1	5
2	12	2	10
3	18	3	15
4	24	4	20
5	30	5	25
6	36	6	30
7	42	7	35
8	48	8	40
9	54	9	45

3 × 1615 = 4845

5 × 1615 = 8075

6 × 1615 = 9690

$$\begin{array}{r} 8075 \\ 9690 \\ +\ 4845 \\ \hline 589475 \end{array}$$

여러분이라면 어떻습니까? 숫자가 적힌 띠를 일일이 돌려 열을 맞추기보다는 재빨리 표를 만들고 거기다 구구단을 적어 계산하는 것이 훨씬 편하겠지요. 하지만 지금도 서양인들의 돈 계산 방식을 보고 있노라면 답답한 마음을 금할 수 없지만, 당시 그들의 곱셈이나 나눗셈 실력이 어떨지는 짐작이 갑니다.

그들의 이런 사정을 대변한 것이 영국 수학자 네이피어John Napier가 만든 계산용 막대기인데요. 이것은 지팡이에 구구단을 적은 띠를 붙이고 그 띠들을 계산하려는 숫자에 맞도록 열을 맞춘 다음 계산하도록 되어 있는 도구입니다. 자기가 계산할 숫자를 맞추는 데만도 상당한 시간이 걸리지만, 그래도 필산보다 더 정확하고 시간도 덜 걸린다고 생각해 네이피어 같은 위대한 수학자가 들고 다녔습니다.

4) 나눗셈

나눗셈을 잘 하려면 곱셈과 뺄셈을 잘 해야 합니다. 곱셈과 뺄셈을 못하면 절대로 나눗셈을 할 수 없기 때문입니다. 실제로 43 ÷ 12를 해봅시다.

```
        3   … 몫
 12 ) 43
      36   … ① 곱셈(12 × 3)
     ──↓   … ② 뺄셈(43 − 36)
        7   … 나머지
```

12 × □ = 43과 같거나 아니면 그보다 작은 값을 찾아 몫을 정하고, 거기서 정해진 수 3을 가지고 다시 43 − (12 × 3)을 계산한 7이 나머지가 됩니다. 따라서 나눗셈은 곱셈과 뺄셈을 이용하여 몫과 나머지

를 계산하는 연산임을 알 수 있습니다.

① 젯수가 두 자릿수 이상

젯수, 즉 나누는 수의 자릿수가 커지면 몫이 얼마일지 고민스러워 시간이 지체되고 계산이 귀찮아집니다. 이때 특별한 암산법을 이용하면 쉽게 답을 구할 수 있습니다. 단 이 방법은 젯수가 두 자리 이상인 수에서 효과가 있으니, 젯수가 한 자릿수인 경우에는 일반적인 암산법을 이용하세요.

ⓐ 두 자릿수 ÷ 한 자릿수

34 ÷ 7을 이용해 특별한 암산법의 기본 원리를 설명하겠습니다.

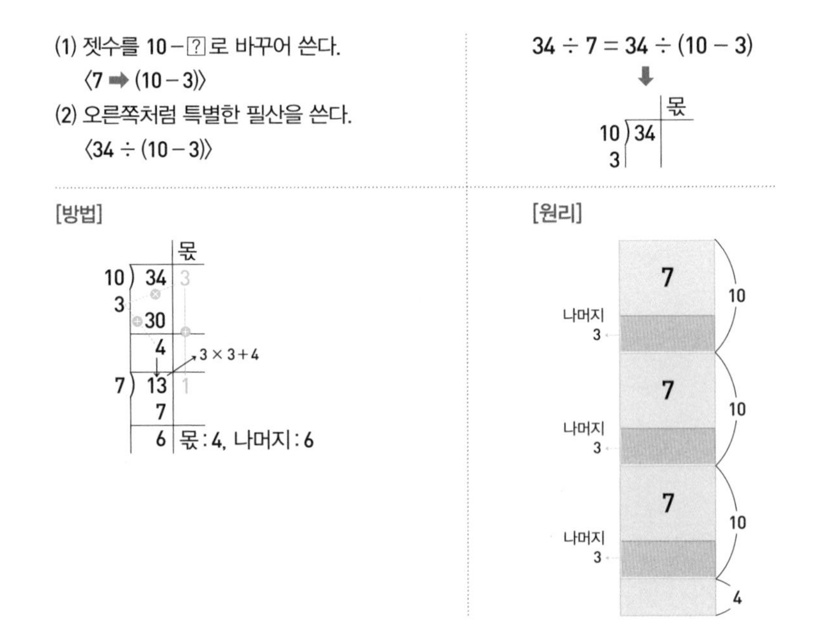

ⓑ 젯수가 9

$34 \div 9 = ?$
몫 : $3 = 3$
나머지 : $3 + 4 = 7$

$$\begin{array}{r} 3 \\ 9\overline{)34} \\ 27 \\ \hline 7 \end{array}$$

$134 \div 9 = ?$
몫 : $11 + 3 = 14$
나머지 : $1 + 3 + 4 = 8$

$$\begin{array}{r} 14 \\ 9\overline{)134} \\ 9 \\ \hline 44 \\ 36 \\ \hline 8 \end{array}$$

$842 \div 9 = ?$
몫 : $88 + 4 = 92$
나머지 : $8 + 4 + 2 = 14 = 1 \cdots 5$
따라서
몫 : $92 + 1 = 93$, 나머지 : 5

$3829 \div 9 = ?$
몫 : $333 + 88 + 2 = 423$
나머지 : $3 + 8 + 2 + 9 = 22 = 2 \cdots 4$
따라서
몫 : $423 + 2 = 425$, 나머지 : 4

ⓒ 두 자릿수 ÷ 두 자릿수

$78 \div 19 = 78 \div (20 - 1)$

⬇

		몫
20	78	
1		

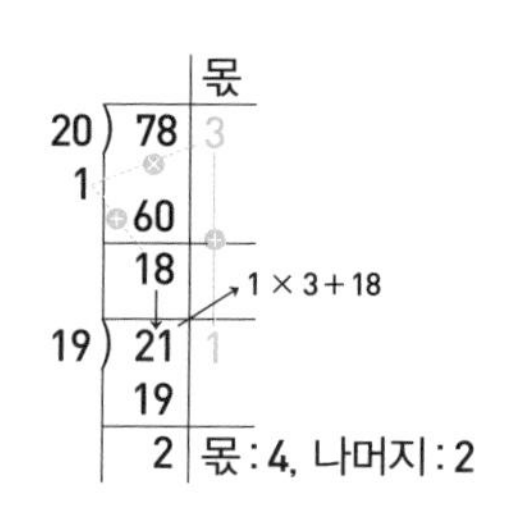

ⓓ 세 자릿수 ÷ 두 자릿수

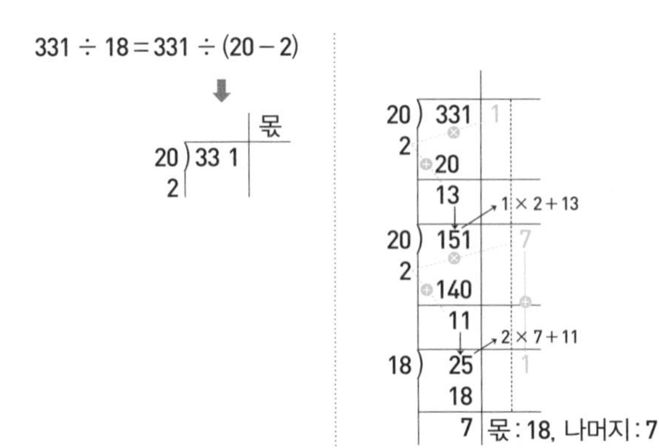

② 젯수가 5, 25, 125

5 = × 2 ÷ 10	25 = × 4 ÷ 100	125 = × 8 ÷ 1000
135 ÷ 5 = 135 × 2 ÷ 10 = 270 ÷ 10 = 27	135 ÷ 25 = 135 × 4 ÷ 100 = 540 ÷ 100 = 5.4	135 ÷ 125 = 135 × 8 ÷ 1000 = 1080 ÷ 1000 = 1.08

③ 젯수가 합성수

이 경우에는 젯수를 작은 수로 쪼갠 후, 그 각각의 수들로 두 번에 걸쳐 나누면 됩니다. 이때 쪼갠 수의 순서를 잘 정해서 차례대로 나누는 것이 중요한데요. 그렇지 않으면 계산이 복잡해지기 때문입니다.

예1 $210 \div 35 = ?$ $210 \div (7 \times 5)$ $= 210 \div 7 \div 5$ $= 30 \div 5 = 6$	$35 = 7 \times 5$ 210을 35로 나눈다는 것은 210을 7과 5로 두 번 나누는 것과 같음 (단, 5와 7 순서로 나누면 계산이 복잡하므로 반드시 7과 5 순서로 나눌 것)
예2 $810 \div 18 = ?$ $810 \div (9 \times 2)$ $= 810 \div 9 \div 2$ $= 90 \div 2 = 45$	$18 = 9 \times 2$ 810을 18로 나눈다는 것은 810을 9와 2로 두 번 나누는 것과 같음 (단, 2와 9 순서로 나누면 계산이 복잡하므로 반드시 9와 2 순서로 나눌 것)
예3 $273000 \div 21 = ?$ $273000 \div (3 \times 7)$ $= 273000 \div 3 \div 7$ $= 91000 \div 7 = 13000$	예4 $42000 \div 35 = ?$ $42000 \div (7 \times 5)$ $= 42000 \div 7 \div 5$ $= 6000 \div 5 = 1200$

④ 인수분해 이용

이 내용은 참고로 소개하는 것이니 인수분해를 모르더라도 가볍게 읽어 주세요.

'2021은 어떤 수로 나누어질까요?'란 문제가 있습니다. 여러분은 2021이 어떤 수로 나누어지는지 단번에 알 수 있나요? 일의 자릿수가 1이어서 짝수가 아니므로 2나 4로는 나누어지지 않고, 각 자릿수를 모두 더한 $2 + 0 + 2 + 1 = 5$여서 3의 배수도 아니므로 3이나 9로도 나누어지지 않습니다.

그때는 이런 방법이 있습니다. 2021은 어떤 완전제곱수에 가장 가까운 수일까요? $40^2 = 1600$, $50^2 = 2500$이므로 40과 50 사이의 수임을 알 수 있습니다. 그러고 보니 $45^2 = 2025$이군요. 그렇다면 2021은 2025보다 4가 작은 수, 즉 $2025 - 4$입니다. 따라서

$2021 = 45^2 - 2^2 = (45 + 2)(45 - 2) = 47 \times 43$으로 소수의 곱으로만 이루어진 수여서 2나 3으로 나누어지지 않았습니다.

이렇듯 10 이상의 큰 소수素數들의 곱으로 이루어진 수는 $a^2 - b^2 = (a + b)(a - b)$, 즉 인수분해의 '합 · 차는 제곱차' 공식을 이용하면 편리합니다.

4. 짝수와 홀수

1) 수에 담긴 동서양의 세계관

우리나라를 비롯한 아시아에서는 예로부터 모든 것을 음陰과 양陽으로 구분해 따지는 경향이 강했습니다. '음양사상'은 태양과 달, 남자와 여자, 홀수와 짝수같이 '세상만물에는 음(−)과 양(+)이 있는데, 이들이 서로 조화를 이룬다'는 사상을 말합니다.

이 사상은 동양의 수리관에도 영향을 미쳐 홀수를 하늘의 수인 '천수天數', 짝수를 땅의 수인 '지수地數'로 여겼습니다. 먼저 성리학의 시조인 주자는 『성리대전性理大全』의 「율여신서律呂新書」에서 "천지天地의 수는 1에서 시작해 10에서 그친다. 1, 3, 5, 7, 9는 양이며 9는 양의 완성이다. 2, 4, 6, 8, 10은 음이며 10은 음의 완성이다"라고 말했습니다. 또한 『주역周易』의 「계사전繫辭傳」에도 "홀수는 양수이고 짝수는 음수인데, 양인 천수는 1, 3, 5, 7, 9이고 음인 지수는 2, 4, 6, 8, 10이다"는 내용이 등장합니다. 따라서 양을 상징하는 최초의 홀수 1과 음을 상징하는 최초의 짝수 2를 합한 3은 음과 양의 조화로 이루어진 완전무결한 수라 생각했습니다. 『사기史記』의 「율서律書」에는 "숫자는

1에서 시작해 10에서 끝나며 양인 1과 음인 2가 합쳐 3을 이룬다"고 적혀 있습니다.

물론 만물을 수로 보았던 서양의 피타고라스 학파 또한 수에 상징적인 의미를 부여함으로써 수를 신비화하는 '수비주의Numerology'를 만들었는데요. 대표적인 상징을 소개하면 이렇습니다.

1Monad은 만물이 창조된 근원적 일체 또는 이성理性으로, 2Dyad는 여성, 즉 창조의 문 또는 차별과 분별, 그리고 나눔과 겨룸으로 보았습니다. 3Triad은 남성의 상징으로도 보았지만, 세 점으로 이루어진 삼각형을 완전무결한 도형이라고 생각해 신성시했습니다. 4Tetrad는 정의正義 또는 조화와 완결을 상징하는 것으로 보았는데요. 그 이유는 4 = 2 × 2인데, 2가 짝수이므로 4는 공평한 짝수라고 생각했기 때문이지요. 또한 4가 당시 우주만물을 이룬다고 믿었던 흙, 공기, 물, 불의 4원소를 상징하기도 했기 때문이고요.

5Pentad는 결혼이나 재생을 상징하는 수였는데요. 3(남자) + 2(여자) = 5이기 때문입니다. 6Hexad은 건강과 질서를 상징했지만, 그 약수인 1, 2, 3을 더하면 다시 6이 되므로 완전 또는 창조를 상징하는 수로 여기기도 했습니다. 7Heptad은 매혹적인 처녀를, 8Octad은 주기적인 재생 및 해탈 또는 구원을, 9Ennead는 지평선이나 성취를 상징했습니다.

마지막으로 10Decad은 1 + 2 + 3 + 4이므로 모든 것을 포용하는 어머니, 즉 근원적 일체와 여자 및 남자, 그리고 4원소가 결합된 완전의 상징인 이상적인 수로 간주했습니다.

참고로 수비주의와 관련하여 동양, 특히 한자 문화권에서는 숫자의 발음이나 모양과 관련하여 길흉을 따진 반면, 서양의 기독교 문화

권에서는 13과 같이 종교적 의미와 관련짓는 경우가 많았는데요. 중세시대에 3은 삼위일체를 나타낸다고 하여 신성한 수로 취급되었고, 7은 신神의 수라 하여 7이 세 번 연속된 777을 가장 길하게 여겼습니다. 하지만 동서양에서 똑같이 생각한 수비주의는 홀수는 '길수吉數', 짝수는 '흉수凶數'였습니다.

한편 음양사상은 유럽으로 전해져 독일 수학자 라이프니츠Gottfried Wilhelm von Leibniz가 2진법을 발명하는데 큰 기여를 합니다.

1701년 어느 날, 라이프니츠는 청나라 황제인 강희제의 측근이던 프랑스 예수회 선교사로부터 편지 한 통을 받습니다. 거기에는 태극도太極圖와 『주역』의 64괘에 대한 내용이 들어 있었습니다. 그는 우주만물이 생성하고 소멸하는 음양의 자연법칙에서 힌트를 얻어 2진법을 만들었던 것이지요.

현재 우리가 사용하는 컴퓨터의 수학적 구조가 2진법으로 되어 있는데요. 이는 짝수의 대표로 2 대신 0을, 홀수의 대표로 1을 쓰는 원리입니다. 이처럼 세상만물을 수로 생각하고 이를 짝수와 홀수로 분류하여 0과 1로 나타낸 것은 우리의 음양사상과 근본적으로 같습니다.

2) 사칙연산에서 짝수와 홀수의 성질

3과 5를 더하면 그 수는 짝수일까요, 홀수일까요? 두 수를 더한 합은 8이므로 짝수입니다.

그러면 이를 쉽고 간편하게 알 수 있는 방법은 없을까요? 앞에서도 설명했듯이 1, 3, 5, 7, 9는 홀수로서 2로 나누면 나머지가 1이 되는 수들입니다. 반면 2, 4, 6, 8, 10은 짝수로서 2로 나누면 나머지가

0인 수들입니다. 따라서 2로 나눈 나머지를 활용하면 그 수가 짝수인지 홀수인지 쉽게 알 수 있습니다. 즉 이제부터는 짝수는 0으로, 홀수는 1로 생각하여 계산하면 된다는 겁니다. 그러면 이 원리를 활용하여 짝수와 홀수의 사칙연산의 결과가 어떻게 되는지 확인하겠습니다.

① 덧셈과 뺄셈

덧셈		뺄셈	
홀+홀=짝 1+1=0	짝+짝=짝 0+0=0	홀−홀=짝 1−1=0	짝−짝=짝 0−0=0
홀+짝=홀 1+0=1	짝+홀=홀 0+1=1	홀−짝=홀 1−0=1	짝−홀=홀 2−1=1

이상의 내용을 정리하면 짝수와 짝수 또는 홀수와 홀수의 덧셈과 뺄셈은 무조건 '짝수'인 반면, 짝수와 홀수의 덧셈과 뺄셈은 무조건 '홀수'입니다. 따라서 '같은 부호끼리는 무조건 짝수', '다른 부호끼리는 무조건 홀수'로 기억하면 편합니다.

② 곱셈

홀×홀=홀 1×1=1	짝×짝=짝 0×0=0
홀×짝=짝 1×0=0	짝×홀=짝 0×1=0

곱셈에서는 홀수와 홀수의 곱셈일 때만 '홀수'이고, 나머지 경우는 모두 '짝수'라는 사실만 기억하세요.

정수

1. 닫혀 있다

정수는 자연수, 즉 양의 정수(1, 2, 3, 4, …)와 음의 정수(−1, −2, −3, −4, …) 및 양과 음의 어디에도 속하지 않는 0을 합친 수입니다.

자연수는 덧셈과 곱셈에 대해 닫혀 있습니다. 그렇다면 정수는 어떤 사칙연산에 대해 닫혀 있을까요? 정수는 자연수보다 규모가 더 크므로 따져야 할 경우가 더 많고 복잡합니다. 양의 정수끼리의 덧셈과 음의 정수끼리의 덧셈, 그리고 양의 정수와 음의 정수가 섞인 덧셈까지 확인해야 하기 때문이지요.

다음의 표를 보면서 설명하겠습니다.

덧셈		
양의 정수 + 양의 정수 (0 포함)	음의 정수 + 음의 정수 (0 포함)	양의 정수 + 음의 정수
$3+2=5$ $2+3=5$ $3+0=3$	$(-3)+(-2)=-5$ $(-2)+(-3)=-5$ $(-3)+0=-3$	$3+(-2)=1$ $(-2)+3=1$ $2+(-3)=-1$ $(-3)+2=-1$

정수에서 나타나는 모든 사례를 조사한 결과, 정수끼리의 덧셈의 합은 항상 정수임을 확인했습니다. 그런데 앞의 10가지 사례만 조사하고 모든 사례를 조사했다고 감히 말할 수 있냐고요? 물론이지요. 2를 '작은 수', 3을 '큰 수'로 생각하고 위의 표를 살펴보면 이해가 될 겁니다. 이런 경우를 가리켜 '수의 일반화'라 하는 겁니다. 몇 가지 사례만으로도 전체의 원리나 흐름을 알 수 있는 능력, 그것이 수의 일반화가 지닌 장점입니다.

이런 방식으로 유추하면 정수는 곱셈에 대해서도 당연히 닫혀 있을 겁니다. 다양한 수의 곱셈 결과가 양陽인지 음陰인지는 모르지만, 아무튼 그 답은 1, 2, 3, … 같은 자연수 형태로 표현될 테니까요.

그리고 자연수는 뺄셈에 대해 닫혀 있지 않지만, 정수는 뺄셈에 대해 닫혀 있습니다.

뺄셈		
양의 정수 − 양의 정수 (0 포함)	음의 정수 − 음의 정수 (0 포함)	양의 정수 − 음의 정수
$3-2=1$ $2-3=-1$ $3-0=3$	$(-3)-(-2)=-1$ $(-2)-(-3)=1$ $(-3)-0=-3$	$3-(-2)=5$ $(-2)-3=-5$ $2-(-3)=5$ $(-3)-2=-5$

이 결과를 보면 정수를 이용한 다양한 뺄셈의 결과가 모두 정수임을 알 수 있습니다.

그런데 $(-3)-(-2)$의 답이 왜 -1인가요? 그것에 대한 음수 연산법은 잠시 후 새로 설명하기로 하고, 여기서는 '닫혀 있다'에 대해 설명을 이어가겠습니다.

정수의 나눗셈은 굳이 여러 사례를 들지 않더라도 닫혀 있지 않음을 알 수 있을 겁니다. 정수 ÷ 정수의 결과는 분수가 될 경우가 많으니까요.

따라서 이상의 내용을 정리하면 이렇습니다. 정수에서는 덧셈과 뺄셈, 곱셈에 대해 닫혀 있으므로 우리는 정수 체계에서 덧셈과 뺄셈, 곱셈을 자유자재로 계산할 수 있습니다.

2. 절댓값

1) 절댓값의 정의

아래 문제는 초등 3학년 수학책에 나오는 내용입니다.

'우리 집에서 100m 거리에 있는 것을 모두 찾으시오.'

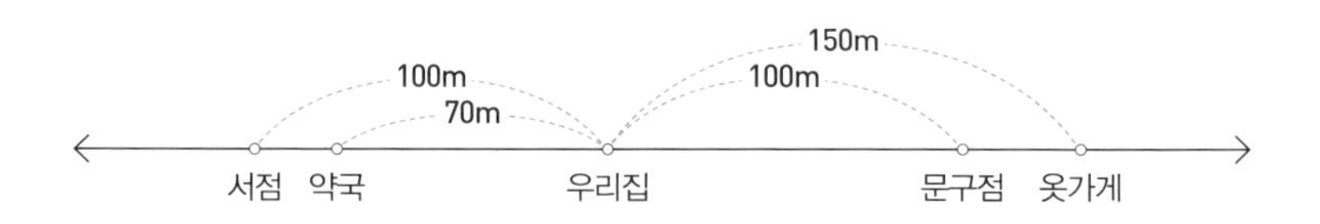

이 문제의 답은 '서점'과 '문구점'입니다.

이렇듯 '수직선상에서 원점(O)으로부터 어떤 수에 대응하는 점까지의 거리'를 '절댓값'이라고 합니다.

그런데 '거리'라는 용어를 두고 굳이 '절댓값'이란 용어가 왜 필요할까요?

이에 대한 설명에 앞서 '수직선'에 대해 잠깐 살펴봅시다.

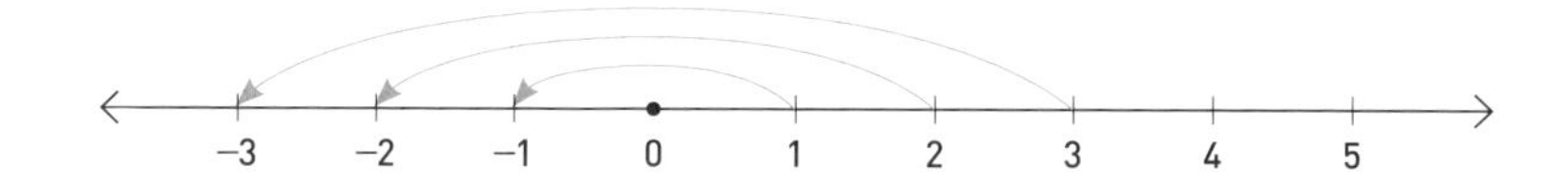

이 그림은 이미 제1부에서 본 적이 있는 수직선인데요. 원점(O)을 기준으로 하여 오른쪽으로 갈수록 눈금 하나가 1씩 증가하므로 1, 2, 3, 4, …가 되고, 반대로 왼쪽으로 갈수록 눈금 하나가 1씩 감소하므로 −1, −2, −3, −4, …가 됩니다. 이 논리대로 위의 문제를 수직선상에 표시하면 다음 그림과 같이 되겠지요.

서점 약국 우리집 문구점 옷가게
−100 −70 0 100 150

이 수직선상에 표시된 문구점과 서점의 위치를 숫자로 표시하면 이렇습니다. 문구점은 원점(O)에서 오른쪽으로 1백 번째 눈금에 위치하므로 100인 반면, 서점은 원점(O)에서 왼쪽으로 1백 번째 눈금에 위치하고 있어 −100입니다. 음수에서 배웠듯이 오른쪽을 '양'으로 정하면, 그 반대쪽인 왼쪽은 당연히 '음'이 될 수밖에 없으니까요. 즉 서점과 문구점은 우리 집에서 똑같이 100m 떨어진 거리에 있지만 방향이 반대여서 한 쪽은 100이 되고, 다른 한 쪽은 자연스럽게 −100이 된 것입니다. 그리고 이 −100과 100을 '거리'의 개념에서 표시한 100을 '절댓값'이라 부르는 겁니다.

다만 '절댓값 = 거리'라는 고정관념은 버려야 합니다. 절댓값을 거리라는 개념을 빌려 설명하는 것이 효과적이어서 그렇게 한 것이지, 따지고 보면 절댓값은 거리보다 훨씬 더 넓고 큰 개념임을 명심하세요.

끝으로 '가장 짧은 거리'가 '0'이고 '0보다 짧은 거리'는 있을 수 없듯이 절댓값 역시 그 값은 항상 0이거나 양수여야지 음수여서는 안 됩니다. 따라서 절댓값이 가장 작은 수는 0입니다.

2) 표기법

① 양수와 음수의 구별법

절댓값의 표기법을 공부하기에 앞서 '수의 일반화' 개념을 이용한 '양수와 음수의 구별법'을 간단히 공부하겠습니다.

숫자 a가 양수라면 −a는 양수일까요, 음수일까요? a와 −a는 서로 반대쪽에 있으면서 절댓값이 같으므로 −a는 당연히 음수가 될 겁니다. 예를 들어 a가 3이라면 −a는 −3이라는 뜻입니다.

그러면 a가 음수라면 −a는 어떤 수일까요? 그 답은 당연히 양수입니다. a가 −3이라면 −a는 3이기 때문입니다.

이 내용을 부등호를 사용하여 표시하면 다음과 같이 됩니다.

$a > 0$이면 $-a < 0$이고, $a < 0$이면 $-a > 0$이다

② 절댓값의 표기법

정수 a의 절댓값을 기호로는 $|a|$로 표기합니다. 예컨대 '+3의 절댓값'은 $|+3|$으로 표기하고, 그 답은 3이 됩니다. 마찬가지로 '−3의 절댓값'은 $|-3|$으로 표기하고, 그 답도 역시 3입니다.

따라서 절댓값이 a(a는 0이 아닌 수)인 수는 당연히 a와 −a의 2개가 있습니다. 즉 '절댓값이 3인 수'는 '+3'과 '−3'입니다. '+3의 절댓값'도 3, '−3의 절댓값'도 3이기 때문이지요.

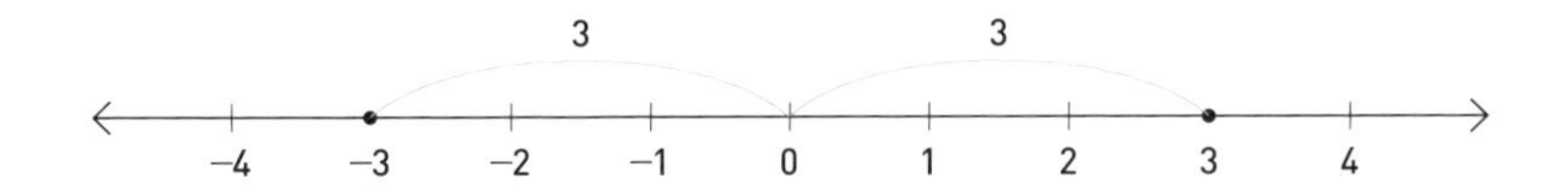

이를 '양수와 음수의 구별법'에서 배운 내용에 빗대어 정리하면 다음과 같이 됩니다.

① a가 양수이면 a의 절댓값은 자기 자신 ➡ $a > 0$이면 $|a| = a$

② a가 음수이면 a의 절댓값은 a의 부호를 바꾼 것 ➡ $a < 0$이면 $|a| = -a$

예 $a = 3$이면 $|a| = |3| = 3$ ➡ $|a| = a$
$a = -3$이면 $|a| = |-3| = 3$ ➡ $|a| = 3 = -(-3) = -a$
따라서 a의 절댓값은 a의 부호에 따라 다음과 같이 나타낼 수 있다.

$$|a| = \begin{cases} a & (a > 0) \\ -a & (a < 0) \end{cases}$$

3) 수의 대소 관계

이상의 내용을 제대로 이해했다면, 다음 내용은 쉽게 이해될 것입니다.

① 음수 < 0 < 양수 예 $-2 < 0 < 2$

② 두 양수는 절댓값이 큰 수가 크다. 예 $2 < 3$

③ 두 음수는 절댓값이 작은 수가 크다. 예 $-3 < -2$

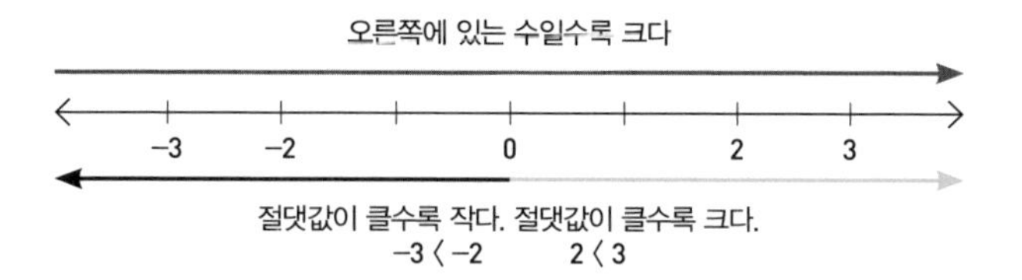

3. 사칙연산

지금부터 정수의 사칙연산 원리에 대해 공부합니다.

여러분은 '음수 × 음수 = 양수'라는 답은 아는데, 어떻게 해서 이런 결과가 나왔는지 설명할 수 있나요? 이 장에서 배울 음수까지 포함된 사칙연산의 원리만 정확히 알면 앞으로 배울 분수나 무리수, 심지어 허수의 사칙연산까지 쉽게 이해할 수 있을 겁니다.

1) 덧셈

① 부호가 같은 두 수

두 수의 절댓값의 합에 공통인 부호를 붙인다.

예 $(+3)+(+2)=+(3+2)=+5$

$(-3)+(-2)=-(3+2)=-5$

② 부호가 다른 두 수

두 수의 절댓값의 차에 절댓값이 큰 수의 부호를 붙인다.

예 $(+3)+(-2)=+(3-2)=+1$

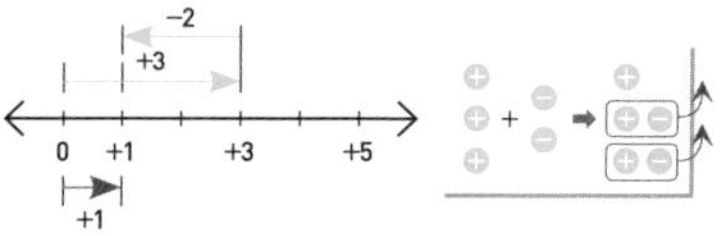

$(-3)+(+2)=-(3-2)=-1$

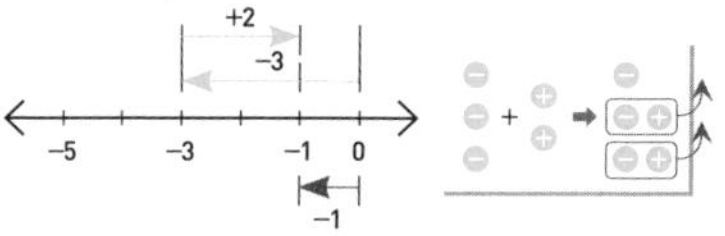

③ 절댓값이 같고 부호가 다른 두 수

항상 0이다. 예 $(+3)+(-3)=0$

2) 뺄셈

빼는 수의 부호를 바꾸어 덧셈으로 고쳐서 계산한다.

부호 반대로

예 $(+2)-(+3)=(+2)+(-3)=-1$

덧셈으로

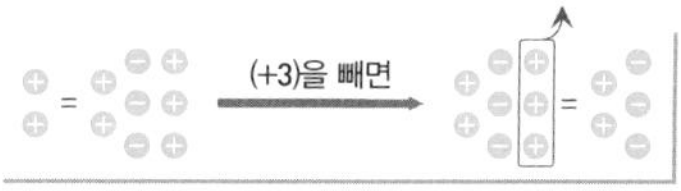

부호 반대로

$(+2)-(-3)=(+2)+(+3)=+5$

덧셈으로

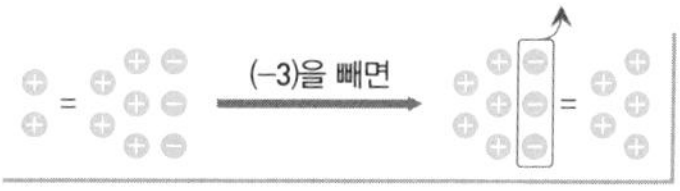

3) 덧셈과 뺄셈의 혼합 계산

세 수 이상의 덧셈, 뺄셈에서는 먼저 뺄셈은 덧셈으로 고친 후, 양수는 양수끼리, 음수는 음수끼리 모아서 계산한다.

예 $(+5)-(+3)+(-1)-(-8)$
$=(+5)+(-3)+(-1)+(+8)$
$=\{(+5)+(+8)\}+\{(-3)+(-1)\}$
$=+13+(-4)=+9$

4) 곱셈

① 부호가 같은 두 정수

양수 × 양수 = 양수　　　　　　음수 × 음수 = 양수

➡ 두 수의 절댓값의 곱 : 양(+)

예 $+3\times+2=+6$
$(-3)\times(-2)=+6$

② 부호가 다른 두 정수

양수 × 음수 = 음수　　　　　　음수 × 양수 = 음수

➡ 두 수의 절댓값의 곱 : 음(−)

예 $+3\times(-2)=-6$
$(-3)\times+2=-6$

여기서 여러분이 가장 이해하기 힘든 내용이 등장했는데요. 바로 '음수 × 음수 = 양수'라는 계산법입니다. 이것은 17세기의 위대한 서양 수학자조차도 제대로 이해하지 못했습니다.

지금부터 이를 증명하는 네 가지 사례를 소개하니 한 번에 이해하려 하기보다는 다양한 시각에서 이해하려는 자세를 가졌으면 합니다. 먼저 첫 번째 증명법입니다.

[증명] 1

$(+3) \times (+3) = +9$	$(-3) \times (+3) = -9$
$\downarrow\ -3$	$\downarrow\ +3$
$(+3) \times (+2) = +6$	$(-3) \times (+2) = -6$
$\downarrow\ -3$	$\downarrow\ +3$
$(+3) \times (+1) = +3$	$(-3) \times (+1) = -3$
$\downarrow\ -3$	$\downarrow\ +3$
$(+3) \times \quad 0 = \ 0$	$(-3) \times \quad 0 = \ 0$
$\downarrow\ -3$	$\downarrow\ +3$
$(+3) \times (-1) = \ ?(\quad)$	$(-3) \times (-1) = \ ?(\quad)$
$\downarrow\ -3$	$\downarrow\ +3$
$(+3) \times (-2) = \ ?(\quad)$	$(-3) \times (-2) = \ ?(\quad)$

$3 \times 3 = 9$, $3 \times 2 = 6$, $3 \times 1 = 3$, $3 \times 0 = 0$으로 3에 곱하는 수를 1씩 줄이면 결과는 3씩 줄어듭니다. 따라서 계속해서 $3 \times (-1)$로 다시 1을 줄이면 결과가 3이 줄어듦으로 -3, $3 \times (-2)$로 다시 1을 줄이면 결과가 3이 줄어든 -6이 된다는 원리이지요.

이 원리를 (-3)에 적용하여 정리한 내용이 오른쪽 표입니다. 이번에는 $(-3) \times 3 = -9$, $(-3) \times 2 = -6$, $(-3) \times 1 = -3$, $(-3) \times 0 = 0$으로 -3에 곱하는 수를 1씩 줄이면 결과는 오히려 3씩 늘어납니다. 따라서 계속해서 $(-3) \times (-1)$로 다시 1을 줄이면 결과가 3이 늘어나므로 3, $(-3) \times (-2)$로 다시 1을 줄이면 결과가 3이 늘어난 6이 되는 것이지요.

다음은 두 번째 증명법입니다.

[증명] 2

$$\left.\begin{array}{l}(+3) \times (+3) = +9 \\ (+3) \times (-3) = -9 \\ (-3) \times (+3) = -9\end{array}\right\} \text{이므로}$$

$(-3) \times (-3) = -9$라고 하면 모순이 된다.

따라서 $(-3) \times (-3) = +9$일 수밖에 없다.

이번에는 세 번째 증명법입니다.

[증명] 3 분배법칙 $a \times (b+c) = a \times b + a \times c$와 $0 = 1 + (-1)$을 이용

$$
\begin{aligned}
0 &= (-1) \times 0 \\
&= (-1) \times \{1 + (-1)\} \\
&= (-1) \times 1 + (-1) \times (-1) \\
&= (-1) + \underbrace{(-1) \times (-1)}_{1}
\end{aligned}
$$

$\therefore\ (-1) \times (-1) = 1$

마지막으로 네 번째 증명법인데요. 이것은 수학적 방법이 아니라 논리적 방법을 도입해 풀어낸 내용입니다.

[증명] 4 세상에는 착한 행동과 나쁜 행동이 있다.

'착한 행동'을 (+), '나쁜 행동'을 (–)라고 하고,
또한 '행동을 하다'를 (+), '행동을 하지 않다'를 (–)라고 하면

착한 행동 & 행동을 하다 ➡ '착한 행동을 하다'
(+) × (+) = (+)
착한 행동 & 행동을 하지 않다 ➡ '착한 행동을 하지 않다'
(+) × (–) = (–)
나쁜 행동 & 행동을 하다 ➡ '나쁜 행동을 하다'
(–) × (+) = (–)
나쁜 행동 & 행동을 하지 않다 ➡ '나쁜 행동을 하지 않은 그 자체가 좋은 행위다'
(–) × (–) = (+)

이상의 네 가지 증명법 중에 '아하, 그렇구나!'라는 느낌이 드는 것이 있습니까? 그렇다면 이제부터는 음수가 섞인 수의 곱셈이나 나눗

셈을 할 때 항상 그 증명법을 연상하는 훈련을 반복하세요. 이런 습관이 몸에 배면 음수가 섞인 곱셈이나 나눗셈도 자연수의 곱셈이나 나눗셈처럼 쉽게 할 수 있을테니까요. 물론 자연수에서 배운 '컴퓨터처럼 빠르고 정확한 기적의 사칙연산'도 그대로 적용할 수 있습니다.

5) 세 수 이상의 곱셈

① 곱하려는 수가 3개 이상

음수의 개수가 짝수 개이면 양수
음수의 개수가 홀수 개이면 음수

예 (음수 × 음수) × 음수
= (양수) × 음수 = 음수

예 $(+2) \times (+7) \times (+3) = +42$
$(-2) \times (-7) \times (+3) = +42$
$(-2) \times (+7) \times (+3) = -42$
$(-2) \times (-7) \times (-3) = -42$

② 제곱수

$(양수)^{(홀수)}$ = 양의 부호(+)
$(양수)^{(짝수)}$ = 양의 부호(+)
$(음수)^{(홀수)}$ = 음의 부호(−) ⬅ 음수가 홀수 개
$(음수)^{(짝수)}$ = 양의 부호(+) ⬅ 음수가 짝수 개

예 $(+1)^3 = +1 \quad (+1)^{99} = +1$
$(+1)^2 = +1 \quad (+1)^{100} = +1$
$(-1)^3 = -1 \quad (-1)^{99} = -1$
$(-1)^2 = +1 \quad (-1)^{100} = +1$

마지막으로 꼭 알아둘 내용이 있는데요. -2^2과 $(-2)^2$의 차이를 구별하는 것입니다.

두 수의 차이는 괄호가 있고 없고의 차이인데요. 여기서 괄호의 역할이 아주 중요합니다. 괄호가 없는 경우의 제곱은 '그냥 앞에 있는 수를 제곱하라'는 의미이지만, 괄호가 있는 경우의 제곱은 '그 괄호

속에 들어 있는 전체'를 제곱하라는 의미를 담고 있기 때문입니다. 따라서 $-2^2 = -2 \times 2 = -4$가 되지만, $(-2)^2 = (-2) \times (-2) = 4$가 되는 것이지요.

그렇다면 -2^3과 $(-2)^3$의 값은 어떨까요? $-2^3 = -2 \times 2 \times 2 = -8$이며, $(-2)^3 = (-2) \times (-2) \times (-2) = -8$입니다. 그러고 보니 제곱수가 홀수일 때는 괄호가 있든 없든 결과는 항상 음수로 같아지네요.

4. 약수와 배수

1) 약수와 배수의 정의

약수Divisor는 '0이 아닌 어떤 정수를 나누어 떨어지게 하는 정수'를 말합니다. 즉 정수 a가 둘 이상의 정수의 곱으로 표시되어 $a = b \times c \times d \cdots$가 될 때 b, c, d, …를 각각 a의 약수 또는 인수Factor라고 합니다. 반대로 a는 b, c, d, … 등의 배수Multiple가 되는 것이지요.

예를 들어 $12 = 1 \times 12 = (-1) \times (-12) = 2 \times 6 = (-2) \times (-6) = 3 \times 4 = (-3) \times (-4)$이므로 ±1, ±2, ±3, ±4, ±6, ±12는 12의 '약수'이고, 또 12는 ±1, ±2, ±3, ±4, ±6, ±12의 '배수'입니다. 하지만 보통은 양의 약수나 배수만을 다루기 때문에 '12의 약수'라고 하면 양의 약수인 1, 2, 3, 4, 6, 12만을 말합니다.

0이 아닌 정수의 배수는 무수히 많지만, 약수는 한정되어 있습니다. 그리고 0은 모든 수의 0배를 곱한 수이므로 모든 수의 배수이지만 어떤 수의 약수는 되지 않는데요. 현재 최소공배수를 구하는 문제에서는 0을 배수로 보지 않습니다. 또한 0이 아닌 정수는 그 수 자신의 '배수'인 동시에 '약수'도 됩니다.

그리고 '약수 중에서 자기 자신을 뺀 나머지 약수'들을 일컬어 '진짜 약수'란 의미에서 '진약수'라고 합니다. 일례로 '12의 진약수'는 1, 2, 3, 4, 6입니다.

2) 약수 구하는 법 또는 배수 판정법

젯수	확인 방법
2	1자릿수가 2로 나누어 떨어지는 수, 즉 짝수
3	모든 자릿수를 더한 수가 3으로 나누어 떨어지는 수 구구단 3단 공식을 살펴보면 $3 \times 1 = 3$ $3 \times 2 = 6$ $3 \times 3 = 9$ $3 \times 4 = 12\ (1+2=3)$ $3 \times 5 = 15\ (1+5=6)$ $3 \times 6 = 18\ (1+8=9)$ $3 \times 7 = 21\ (2+1=3)$ $3 \times 8 = 24\ (2+4=6)$ $3 \times 9 = 27\ (2+7=9)$ 예 5622 ➡ $5+6+2+2=15$ ➡ $1+5=6$이므로 3의 배수 [증명] 세 자릿수 abc를 식으로 나타내면 $100a+10b+c$ $=(99+1)a+(9+1)b+c$ $=99a+9b+a+b+c$ $=9(11a+b)+a+b+c$ $=3 \times 3(11a+b)+(a+b+c)$ $3(11a+b)$가 3의 배수이므로 $(a+b+c)$가 3의 배수이면 abc도 3의 배수
4	100 미만의 두 자릿수가 4로 나누어 떨어지는 수 먼저 $4 \times 25 = 100$이므로 100 이상은 항상 4로 나누어 떨어진다. 그 다음 구구단의 4단 공식을 살펴보면 $4 \times 1 = 4$ $4 \times 2 = 8$ $4 \times 3 = 12$ $4 \times 4 = 16$ $4 \times 5 = 20$ $4 \times 6 = 24$ $4 \times 7 = 28$ $4 \times 8 = 32$ $4 \times 9 = 36$에서 볼 수 있듯이 14나 34는 1자릿수가 4이지만 4로는 나누어 떨어지지 않는다. 따라서 1과 10자릿수만 4로 나누어 떨어지는지 확인하면 된다.

	예 56324 ➡ 끝의 두 자릿수가 4로 나누어 떨어지므로 4의 배수 [증명] 3자리 수 abc를 식으로 나타내면 $100a + 10b + c$ $= 4 \times (25 \times a) + 10 \times b + c$
5	1자릿수가 0 또는 5 구구단의 5단 공식을 보면 5, 10, 15, 20, 25, 30, 35, 40, 45 등 모두 0 또는 5로 끝나는 것에서 알 수 있다.
6	2와 3의 공배수(2와 3의 조건을 모두 만족하는 수) – '1자릿수가 짝수'인 동시에 '모든 자릿수의 수를 더해서 3으로 나누어 떨어지는 수', 즉 '모든 자릿수의 수를 더해서 3으로 나누어 떨어지는 수 가운데 1자릿수가 짝수인 수'라 할 수 있다. – 6단 공식인 6, 12, 18, 24, 30, 36, 42, 48, 54에서 알 수 있다.
7	원래 수의 1자릿수를 제외한 수에서 1자릿수의 2배를 빼고, 그 수가 7로 나누어 떨어지는 수이면 된다. 예 651은 $65 - 1 \times 2 = 63 = 7 \times 9$이므로 7로 나누어 떨어진다.
8	1000 미만의 세 자릿수가 8로 나누어 떨어지는 수 구구단의 8단 공식을 살펴보면 $8 \times 1 = 8$ $8 \times 2 = 16$ $8 \times 3 = 24$ $8 \times 4 = 32$ $8 \times 5 = 40$ $8 \times 6 = 48$ $8 \times 7 = 56$ $8 \times 8 = 64$ $8 \times 9 = 72$에서 볼 수 있듯이 $8 \times 12 = 96$이고 $8 \times 13 = 104$에서 알 수 있듯 100조차 8로 나누어 떨어지지 않는 대신, $8 \times 125 = 1000$이므로 1000 이상은 언제나 8로 나누어 떨어진다. 따라서 1, 10, 100자릿수만 8로 나누어 떨어지는지 확인하면 된다. [증명] 4자리 수 abcd를 식으로 나타내면 $1000a + 100b + 10c + d$ $= 8 \times (125 \times a) + 100 \times b + 10 \times c + d$
9	모든 자릿수를 더한 수가 9로 나누어 떨어지는 수 9단 공식을 살펴보면 $9 \times 1 = 9$ $9 \times 2 = 18$ $(1 + 8 = 9)$ $9 \times 3 = 27$ $(2 + 7 = 9)$ $9 \times 4 = 36$ $(3 + 6 = 9)$ $9 \times 5 = 45$ $(4 + 5 = 9)$ $9 \times 6 = 54$ $(5 + 4 = 9)$ $9 \times 7 = 63$ $(6 + 3 = 9)$ $9 \times 8 = 72$ $(7 + 2 = 9)$ $9 \times 9 = 81$ $(8 + 1 = 9)$에서 알 수 있듯이 각 자릿수의 합이 9로 나누어 떨어지면 그 수는 9로 나누어 떨어진다. 이는 3으로 나누어 떨어지는 수에서 이미 증명했다.

	예 63927 ➡ $6+3+9+2+7=27$ ➡ 9×3이므로 9의 배수
10	1자릿수가 0인 수
11	모든 자릿수의 수를 번갈아가며 더하고 빼고 해서 나온 수 (모든 자릿수의 수를 하나 거른 수의 합의 차)가 11로 나누어 떨어지는 수 예 286은 $2-8+6=0$이므로 11의 배수이다. 74503은 $7-4+5-0+3=11$이므로 11의 배수이다. [증명] 4자리 수를 abcd로 하여 식으로 나타내면 $1000a+100b+10c+d$ 이것은 $(11 \times 91-1)a+(11 \times 9+1)b+(11-1)c+d$ $=(11 \times 91)a-a+(11 \times 9)b+b+11c-c+d$ $=11(91a+9b+c)-a+b-c+d$가 된다. 여기서 $11(91a+9b+c)$는 11의 배수이므로 $(-a+b-c+d)$가 0이나 11의 배수이면 abcd도 11의 배수

3) 공약수와 최대공약수

① 정의

공약수Common Divisor는 '두 개 이상의 자연수에 공통으로 존재하는 약수'를 말합니다. 이를테면 12의 약수는 1, 2, 3, 4, 6, 12이고, 18의 약수는 1, 2, 3, 6, 9, 18이므로 12와 18의 공약수는 1, 2, 3, 6입니다.

이 공약수 중에서 가장 큰 공약수를 최대공약수Greatest Common Divisor(약자로 G.C.D.)라고 하는데요. 위의 예에서는 12와 18의 최대공약수는 6이 됩니다. 그리고 두 수 사이의 공약수는 결국 최대공약수의 약수가 됩니다. 6의 약수는 1, 2, 3, 6이니까요.

한편, 모든 경우에 해당하는 가장 작은 공약수, 즉 '최소공약수'는 무조건 '1'이어서 굳이 구할 필요가 없으므로 학교에서도 가르치지 않습니다.

② 최대공약수 구하는 법

최대공약수를 구하는 방법에는 '나눗셈을 이용하는 방법'과 '소인수분해를 이용하는 방법'의 두 가지가 있는데요. 소인수분해는 다음에 이어지는 '소수'에서 배울 내용이므로 어렵다고 생각되면 소인수분해를 이용하는 방법은 건너뛰어도 무방합니다.

[방법] 1 **나눗셈**

(1) 몫에 1 이외의 공약수가 없을 때까지 공약수로 계속 나눈다.
(2) 나눈 공약수를 모두 곱한다.

$$\begin{array}{r|rr} 2 & 24 & 30 \\ \hline 3 & 12 & 15 \\ \hline & 4 & 5 \end{array}$$

최대공약수 : 2 × 3

[방법] 2 **소인수분해**

(1) 각 수를 소인수분해한다.
(2) 공통인 소인수를 모두 곱한다. (지수가 작은 쪽을 택하고, 지수가 같으면 그대로 곱한다)

$$24 = 2^3 \times 3$$
$$30 = 2 \times 3 \times 5$$

최대공약수 : 2 × 3

4) 공배수와 최소공배수

① 정의

'공배수Common Multiple'는 '두 개 이상의 자연수에 공통으로 존재하는 배수'를 말합니다. 예를 들어 4의 배수는 0, 4, 8, 12, 16, 20, 24, … 이고, 6의 배수는 0, 6, 12, 18, 24, 30, …입니다. 이 중에서 4와 6의 공배수는 0, 12, 24, …입니다. 단, 우리 수학에서는 0을 배수로 여기지 않습니다.

공배수 중에서 가장 작은 공배수를 최소공배수Least Common Multiple(약자로 L.C.M.)라고 하는데요. 위의 예에서는 12가 최소공배수가 되겠네요. 그리고 두 수 사이의 공배수는 결국 최소공배수의 배수가 됩니다.

12, 24, … 등은 12의 배수이니까요.

한편, 모든 경우에 해당하는 가장 큰 공배수, 즉 최대공배수는 무한히 큰 수이기 때문에 구할 수도 없고 굳이 구할 필요도 없으므로 역시 학교에서 가르치지 않습니다.

② 최소공배수 구하는 법

최소공배수를 구하는 방법에도 역시 '나눗셈'과 '소인수분해'의 두 가지 방법이 있습니다. 물론 여기서도 일단 '소인수분해를 이용하는 방법'을 간단히 소개하겠습니다.

[방법] 1 **나눗셈**

(1) 2개 이상의 수의 몫이 더 이상 나눠지지 않을 때까지 공약수로 계속 나눈다.

(2) 나눈 수와 마지막 몫을 모두 곱한다.

$$\begin{array}{r|rrr} 2 & 18 & 28 & 42 \\ 7 & 9 & 14 & 21 \\ 3 & 9 & 2 & 3 \\ \hline & 3 & 2 & 1 \end{array}$$

최소공배수 : 2 × 7 × 3 × 3 × 2

[방법] 2 **소인수분해**

(1) 각 수를 소인수분해한다.

(2) 공통인 소인수는 지수가 같거나 큰 것을 곱한다.

$$24 = 2^3 \times 3$$
$$60 = 2^2 \times 3 \times 5$$

최소공배수 : $2^3 \times 3 \times 5$

여기서 최소공배수를 구할 때, 공통인 약수와 공통이 아닌 약수를 모두 곱하는 이유를 세 수 4, 6, 8에서 생각해봅시다.

4, 6, 8을 약수로 고치면 각각 다음과 같습니다.

$4 = 2 \times 2 = 2^2$, $6 = 2 \times 3$, $8 = 2 \times 2 \times 2 = 2^3$

이로부터 4, 6, 8의 배수를 작은 수부터 차례로 적어 보면 다음 표와 같습니다.

4의배수	4(2^2)	8($2^2 \times 2$)	12($2^2 \times 3$)	16($2^2 \times 4$)	20($2^2 \times 5$)	24($2^2 \times 6$)
6의 배수	6(2×3)	12($2 \times 3 \times 2$)	18($2 \times 3 \times 3$)	24($2 \times 3 \times 4$)	30($2 \times 3 \times 5$)	36($2 \times 3 \times 6$)
8의 배수	8(2^3)	16($2^3 \times 2$)	24($2^3 \times 3$)	32($2^3 \times 4$)	40($2^3 \times 5$)	48($2^3 \times 6$)

여기서 4, 6, 8의 최소공배수는 24임을 알 수 있습니다. 즉 2^2에는 2×3과 2^3에 비하여 부족한 2와 3을 곱해 주고, 2×3에는 2^2과 2^3에 비하여 부족한 2^2을 곱해 주며, 2^3에는 2^2과 2×3에 비하여 부족한 3을 곱해 주면 $2 \times 2 \times 2 \times 3 = 2^3 \times 3 = 24$가 되는 것입니다.

따라서 $4 = 2^2$, $6 = 2 \times 3$, $8 = 2^3$의 최소공배수는 공통인 2와 공통이 아닌 2, 2, 3을 모두 곱한 수임을 알 수 있습니다.

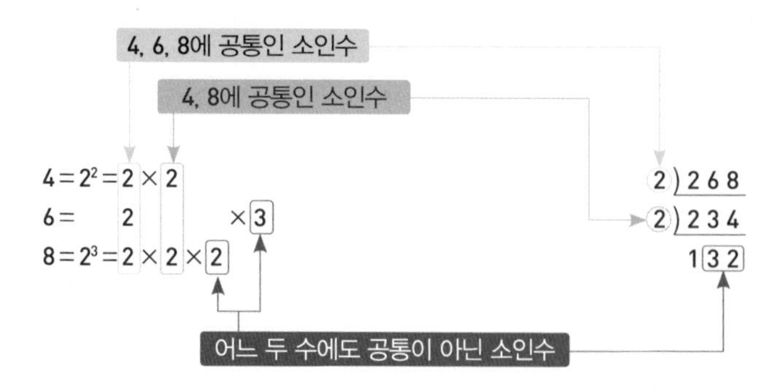

5) 최대공약수와 최소공배수의 관계

4와 6의 최대공약수와 최소공배수는 각각 얼마일까요?

$4 = 2 \times 2$이고, $6 = 3 \times 2$이므로 최대공약수는 공통 약수 2이고,

최소공배수는 공통 약수 2와 공통이 아닌 약수 2, 3을 모두 곱한, 즉 2 × 2 × 3입니다.

이 내용을 '수의 일반화' 개념을 이용해 다시 생각해봅시다.

두 수 4와 6을 각각 A, B라고 할 때, 두 수의 최대공약수(G)는 2입니다. 따라서 A(4) = a(2) × G(2)로 표시하고, B(6) = b(3) × G(2)로 표시할 수 있습니다.

여기서 a와 b는 두 수 A와 B에서 각각 G(2)를 제외하고 남은 수를 말합니다.

A(4) =2 × 2인데, G가 2이므로 남은 수 2는 a가 되는 것이고, B(6) = 3 × 2인데, G가 2이므로 남은 수 3이 b가 되는 것이지요.

굳이 'A의 남은 수'를 a, 'B의 남은 수'를 b라 부르는 이유는 a는 A의 부분이 되는 수이고, b 역시 B의 부분이 되는 수이기 때문입니다. 예를 들면 George와 Smith가 자기 아들의 이름을 각각 George Junior와 Smith Junior로 짓는 경우이지요. 이렇게 하면 두 수의 관계에서도 혼돈이 생기지 않아 계산할 때 헷갈리지 않는 장점도 있지요.

지금까지의 내용을 정리합시다.

A(4) = a(2) × G(2)이고, B(6) = b(3) × G(2)이며, 최대공약수(G)는 2, 최소공배수(L)은 a(2) × b(3) × G(2)입니다.

그러면 생각을 바꾸어 A × B는 무엇과 같을까요?

A = a × G이고, B = b × G이므로, A × B = (a × G) × (b × G)가 되겠지요?

이를 곱셈의 교환법칙을 활용하면 A × B = (a × b × G) × G로 바꿀 수 있습니다.

그런데 $(a \times b \times G) = L$이므로 결국 $A \times B = (a \times b \times G) \times G = L \times G$가 됩니다. 다시 말해 $A \times B = G \times L$, 즉 두 수의 곱은 (최대공약수 × 최소공배수)임을 알 수 있습니다.

이상의 내용을 공식으로 만든 것이 다음 표이므로, 이 개념만 머릿속에 잘 정리하면 되겠습니다. 여기에 등장하는 '서로소' 개념은 다음의 '소수'에서 설명하겠습니다.

두 수 A, B의 최대공약수를 G, 최소공배수를 L이라 하고
$A = a \times G$, $B = b \times G$(a, b는 서로소)라 하면
(1) $L = a \times b \times G$
(2) $A \times B = (a \times G) \times (b \times G) = L \times G$

G) A B
a b
서로소
$L = a \times b \times G$

5. 소수素數

1) 소수의 정의

① 수학적 의미

'소수素數, Prime Number'는 '작은 수'라는 뜻의 '소수小數, Decimal'와는 근본적으로 다른 개념으로서 '1과 자기 자신만을 약수로 가지는 정수'를 말합니다. 예를 들면 $2 = 1 \times 2$ 외에는 없고, $3 = 1 \times 3$밖에 없으며, $5 = 1 \times 5$뿐입니다. 이와 같이 '1과 자기 자신까지 해서 약수를 2개만 가진 수'를 가리켜 '소수'라 하는 것이지요.

반면 $4 = 1 \times 4$도 되고 2×2도 되니까, 4의 약수는 1, 2, 4이므로 소수가 아닙니다. 6 역시 1×6과 2×3해서 1, 2, 3, 6의 약수를 갖

습니다. 따라서 4나 6처럼 '약수를 3개 이상 가진 수'를 일컬어 '1과 자기 자신 외에도 다른 약수를 가지는 수'라 하여 '합성수合成數, Composite Number'라 합니다.

그러면 1은 무엇일까요? 1 = 1 × 1밖에 없는데, 자기 자신이 바로 1이므로 결국은 '약수를 1개만 가진 수'입니다. 그래서 수학자들은 1을 '소수에도 합성수에도 속하지 않는 수'로 정의했답니다.

② 언어학적 의미

소수素數에 사용되는 '素'는 '검소儉素하다'거나 '소질素質이 있다' 또는 '원소元素' 등에 쓰이는 글자로서 '흰 빛깔의 무늬가 없는 피륙' 등의 뜻을 갖고 있습니다.

그런데 '素'에 왜 이렇게 전혀 상관 없어 보이는 뜻이 함께 담겨 있는 걸까요?

미술시간에 사용하는 도화지는 아무 무늬가 없는 하얀 색깔입니다. 그래서 이 도화지에 그리고 싶은 그림과 색깔을 마음대로 표현할 수 있습니다. 만약 이 도화지가 파란색이라면 자신이 원하는 색깔을 그대로 표현할 수 있을까요? 또한 이 도화지에 이미 무늬가 그려져 있다면 자신이 원하는 그림을 그대로 그릴 수 있을까요?

절대로 불가능하겠지요. 그 이유는 '흰빛'이나 '무늬 없는 피륙'이 '바탕'이기 때문입니다. '가장 기본적인 바탕'이어야만, 그 바탕에 빨강을 칠하면 빨간 피륙이 되고, 파랑을 칠하면 파란 피륙이 되며, 꽃을 수놓으면 꽃 무늬 피륙이 되고, 새를 수놓으면 새 무늬 피륙이 되는 것입니다. 마찬가지로 '사치나 화려함을 멀리 하고 의식주에 꼭 필요한[素] 최소한의 양[儉]으로 생활'하기 때문에 '검소儉素'이고, '특정 분야에 필요한 자질資質'이라 하여 '소질素質'이며, '물질의 으뜸[元]이 되는 기본 성분'이라 하여 '원소元素'라는 이름이 붙게 된 것입니다.

한편, 소수素數를 영어로 'Prime Number'라 부르는데요. 'Prime'의 의미 역시 '주요한', '기본적인', '으뜸 되는' 등이어서 한자와 그 맥을 같이 합니다. 따라서 '소수素數'의 언어학적 의미는 '기본基本이 되는 수數'라 하겠습니다.

그런데 다시 궁금증이 생깁니다. '수數'에서의 '기본基本'은 무엇을 의미할까요?

모든 수는 '1'과 '자기 자신'만큼은 반드시 약수로 가지게 되어 있습니다. 그것은 모든 수의 '기본'이지요. 따라서 '1과 자기 자신만을 약수로 가지는 수'는 가장 기본적인 수이므로 '소수'라 하고, '그 외에 다른 약수를 가지는 수'는 '합성수'라 부르게 된 것이지요.

2) 소수의 형태

우리가 늘 사용하는 자연수 가운데 어떤 수들이 소수일까요? 일단 '2를 제외한 짝수'는 소수가 될 수 없습니다. 짝수는 2로 나누어 떨어지므로 1과 자기 자신 외에도 최소한 2라는 약수를 갖기 때문이지요.

그러면 '소수는 홀수 중에 있다'는 결론이 나옵니다. 따라서 홀수 가운데 약수가 없는 수, 즉 3, 5, 7, 11, 13, 17, 19, 23, 29, 31, 37, 41, … 등이 소수가 됩니다.

① 에라토스테네스의 체Sieve of Eratosthenes를 이용한 소수 찾기

고대 그리스의 수학자인 에라토스테네스Eratosthenes가 고안한 방법으로서 그 과정은 다음과 같습니다.

(1) 2부터 소수를 구하고자 하는 구간의 모든 수를 나열한다.
(2) 2는 소수이므로 오른쪽에 2를 쓴다. 그 다음 2의 배수를 모두 지운다.
(3) 남아 있는 수 가운데 3은 소수이므로 오른쪽에 3을 쓴다. 그 다음 3의 배수를 모두 지운다.
(4) 남아 있는 수 가운데 5는 소수이므로 오른쪽에 5를 쓴다. 그 다음 5의 배수를 모두 지운다.
(5) 위의 과정을 반복하면 구하는 구간의 모든 소수가 남는다.

	2	3	4	5	6	7	8	9	10
11	12	13	14	15	16	17	18	19	20
21	22	23	24	25	26	27	28	29	30
31	32	33	34	35	36	37	38	39	40
41	42	43	44	45	46	47	48	49	50
51	52	53	54	55	56	57	58	59	60
61	62	63	64	65	66	67	68	69	70
71	72	73	74	75	76	77	78	79	80
81	82	83	84	85	86	84	88	89	90
91	92	93	94	95	96	97	98	99	100
101	102	103	104	105	106	107	108	109	110
111	112	113	114	115	116	117	118	119	120

Prime number			
2	3	5	7
11	13	17	19
23	29	31	37
41	43	47	53
59	61	67	71
73	79	83	89
97	101	103	107
109	113		

② 유클리드Euclid의 소수 정리

소수의 특징은 다음 표처럼 수가 커질수록 불규칙적으로 발생하며,

또한 빈도가 줄어들면서 백분율이 감소한다는 것인데요. 이것이 소수의 '희소성'을 높이고 있습니다.

	1~10	1~100	1~1000	1~10000	1~100000	1~1000000
소수의 개수	4	25	168	1229	9552	78498
발생 빈도(%)	40	25	16.8	12.3	9.5	7.8

따라서 다음과 같은 의문이 당연히 들기 마련입니다. '소수의 발생 빈도가 점점 줄어들기 때문에 결국 소수는 없어지지 않을까?' 즉 '소수의 개수는 유한하고 가장 큰 원자번호가 있듯이 가장 큰 소수도 있는 것이 아닐까?' 하는 의문 말입니다.

하지만 이미 BC 300년경 유클리드의 『기하학원본』에서 '소수는 무한하게 존재한다'면서 그 증명법을 '귀류법'으로 정리했는데요. '수학적 우아함의 전형'으로 꼽히는 이 증명 내용을 한 번 살펴볼까요?

먼저 '귀류법'에 대해 간단히 설명하겠습니다. '귀류법歸謬法'은 어떤 주장이 옳은지 그른지를 증명하는 방법의 하나로서 어떤 주장을 직접 증명하기 어려울 때 사용하는 증명법입니다.

예컨대 누군가가 '1 + 1 = 2'라고 주장했는데, 이 주장이 사실임을 증명할 필요가 생겼습니다. 그런데 이 주장이 사실임을 직접 증명하기는 쉽지 않습니다. 이때 '1 + 1 ≠ 2'라고 가정한 다음, 이 가정이 거짓임을 밝혀내는 겁니다. 그렇게 되면 1 + 1 ≠ 2가 거짓이므로 결국 1 + 1 = 2가 될 수밖에 없음이 자연스럽게 증명되는 것입니다.

소수가 유한(n) 개 밖에 존재하지 않는다고 가정한다.

p1, p2, p3, p4, p5, ……, pn−1, pn

↓ ↓ ↓ ↓ ↓

2 3 5 7 11

'p1~pn의 소수를 모두 곱한 다음 1을 더한 수'를 'p'라고 하면,

$p = (p1 \times p2 \times p3 \times p4 \times p5 \times \cdots\cdots \times pn-1 \times pn) + 1$

p는 p1~pn의 어떤 소수로 나누어도 1이 남으므로 역시 '소수'이다.

따라서 소수가 유한 개만 존재한다는 가정은 틀렸으므로 '소수는 무한하다'.

참고로 다음은 소수 2, 3, 5, 7, 11, …을 하나씩 늘여가며 곱한 값에 1을 더한 것입니다.

$2 \times 3 + 1 = 7$

$2 \times 3 \times 5 + 1 = 31$

$2 \times 3 \times 5 \times 7 + 1 = 211$

$2 \times 3 \times 5 \times 7 \times 11 + 1 = 2311$

$2 \times 3 \times 5 \times 7 \times 11 \times 13 + 1 = 30031 = 59 \times 509$

$2 \times 3 \times 5 \times 7 \times 11 \times 13 \times 17 + 1 = 500511$

$2 \times 3 \times 5 \times 7 \times 11 \times 13 \times 17 \times 19 + 1 = 9699691$

$2 \times 3 \times 5 \times 7 \times 11 \times 13 \times 17 \times 19 \times 23 + 1 = 223092871$

위의 사례처럼 이렇게 구한 수가 모두 '소수'라는 주장은 거짓이지만, 그래도 이 방법을 이용하면 그동안 알려진 가장 큰 소수보다 더 큰 소수를 찾을 수 있으므로 '가장 큰 소수는 존재하지 않는다'는 사실은 입증됩니다. 누군가가 가장 큰 소수를 찾아냈다면, 2에서 그 수까지의 모든 소수의 곱에 1을 더함으로써 그보다 훨씬 큰 소수를 만들 수 있기 때문입니다. 여기서의 문제는 그렇게 큰 소수를 계산하는데

걸리는 시간이겠지요.

하지만 현대 수학자들이 연구한 결과, 수가 계속 커질수록 소수가 점점 드물게 나타나는 것은 아니라는 사실을 발견했는데요. 따라서 '소수'는 정말 특이한 수임을 알 수 있습니다.

3) 특수한 소수

① 쌍둥이 소수Twin Primes

'쌍둥이 소수'는 (3, 5), (5, 7), (11, 13), (17, 19)와 같이 '숫자가 2만큼씩 차이가 나는 쌍으로 이루어진 소수'를 말합니다. 추론에 따르면 이 쌍둥이 소수는 무한 개로 알려져 있는데요. 100부터 200 사이에도 (101, 103), (107, 109), (137, 139), (149, 151), (179, 181), (191, 193), (197, 199) 등 7개가 존재합니다.

다만 세쌍둥이 소수는 (3, 5, 7)의 단 하나만 존재하는데요. 이는 연속되는 홀수로 구성된 세 쌍의 수 가운데 하나는 항상 3으로 나누어 떨어지므로 소수가 아니기 때문입니다.

② 메르센 소수Mersenne Prime

프랑스 성직자로서 수학, 신학, 철학, 음악을 가르친 메르센Marin Mersenne은 소수에 관심이 많아 모든 소수를 나타낼 공식을 찾으려고 했습니다. 물론 성공하지는 못했지만 1644년 출판한 『물리수학론』의 머리말에서 그는 "n = 2, 3, 5, 7, 13, 17, 19, 31, 67, 127, 257에 대하여 Mn = $2^n - 1$은 소수"라고 주장했습니다.

이때부터 2를 계속해서 몇 번 곱한 다음 그 수에서 1을 빼는 수, 즉

'$(2^n - 1)$'을 '메르센 수'라 하고, 그 중에서 $(2^n - 1)$이 소수인 수를 '메르센 소수'라고 불렀습니다.

첫 번째 메르센 소수는 $2^2 - 1 = 3$이고, 두 번째는 $2^3 - 1 = 7$이며, $2^4 - 1 = 15$는 소수가 아니므로 $2^5 - 1 = 31$이 세 번째 메르센 소수입니다. 그리고 $2^6 - 1 = 63$은 소수가 아니고 $2^7 - 1 = 127$은 소수이므로 네 번째 메르센 소수가 됩니다. 그는 이 4개 외에도 $2^{13} - 1 = 8191$, $2^{17} - 1 = 131071$, $2^{19} - 1 = 524287$ 등 모두 7개의 메르센 소수를 알고 있었습니다.

한편, 그는 $2^{31} - 1$이 소수라고 주장했지만 1772년까지는 어느 누구도 이를 증명하지 못한 대신, 메르센 수가 메르센 소수이기 위해서는 2의 지수 n이 소수여야 한다는 사실이 밝혀졌습니다.

마지막으로 그는 $2^{67} - 1$도 소수라고 주장했지만 1903년 넬슨 콜 Frank Nelson Cole이 미국수학협회 강연에서 $2^{67} - 1 = 147,573,952,589,676,412,927 = 193,707,721 \times 761,838,257,287$이므로 소수가 아님을 밝혀냈습니다.

메르센 소수는 초반에는 쉽게 찾을 수 있지만 n이 커지면 $2^n - 1$이 합성수일 가능성이 높아 아주 드물게 나타납니다. 그러다가 1914년에 수학자들이 한 번에 4개의 메르센 소수를 찾아냈는데요. 그 중 가장 긴 수는 무려 39자리였습니다. 그 후 컴퓨터의 등장으로 엄청난 자릿수의 소수가 발견되기 시작합니다. '가장 큰 소수'라는 이름으로 발견된 소수는 모두 메르센 소수입니다.

다음 우표는 1963년 미국 일리노이 대학에서 23번째 메르센 소수인 $2^{11213} - 1$을 발견한 것을 기념하여 발행한 기념우표입니다.

'$2^{11213}-1$은 소수이다'라고 새겨진 기념우표

현재까지 알려진 가장 큰 메르센 소수는 2008년 8월 미국 UCLA의 연구원인 한스Hans와 마이클Michael이 발견한 47번째 소수인 $2^{43112609}-1$인데요. 그 자릿수는 무려 1300만 자리여서 손으로 쓰는 데만 12주가 걸리고 그 길이만 해도 44km라고 합니다.

③ 골드바흐의 추측Goldbach's Conjecture

이 추측은 오래 전부터 알려진 정수론의 미해결 문제에 해당하는 것으로, '2보다 큰 모든 짝수는 두 개의 소수의 합으로 표시할 수 있다'는 것입니다.

이 추측을 바탕으로 컴퓨터를 사용해 계산한 결과 4×10^{14}까지는 옳다는 것이 밝혀졌습니다. 다만 모든 짝수에서 가능한지 여부는 아직 증명되지 않았지만, 반증하는 사례 역시 아직까지는 발견되지 않았습니다.

2보다 큰 모든 짝수는 두 개의 소수의 합으로 표현 가능하다.

4=2+2	20972=13+20959
6=3+3	20974=11+20963
8=3+5	20976=13+20963
10=3+7	20978=19+20959
12=5+7	20980=17+20963
14=3+11	20982=19+20963
16=3+13	20984=3+20981
18=5+13	20986=3+20983
20=3+17	20988=5+20983
22=3+19	20990=7+20983
24=5+19	20992=11+20981
26=3+23	20994=11+20983
28=5+23	20996=13+20983
30=7+23	20998=17+20981
32=3+29	21000=17+20983

4) 소인수분해

① 인수因數

한 정수를 그보다 작은 몇 개의 정수의 곱으로 나타낼 때, 그 정수들을 본래 정수의 '인수因數, Factor'라고 하는데요. 한자 그대로 풀이하면 '인因'은 '유래由來 또는 원인原因'을 뜻하므로 쉽게 표현하자면 '한 수의 구성 원소가 되는 수'라고 할 수 있습니다. 따라서 결국은 '약수의 동의어'가 되는데요. 다만 '배수의 반대어'로 쓰일 때는 '약수', '소인수분해'라고 할 때는 '인수'라는 용어를 사용하면 됩니다.

② 소인수분해의 정의

'소인수분해素因數分解'는 말뜻 그대로 풀이하면 '소수素數인 인수因數

들의 곱으로 분해分解'하는 것입니다. 따라서 '주어진 합성수를 소수의 곱의 꼴로 나누어, 소수인 인수들의 곱으로 분해하는 과정'을 말하는 것이지요. 즉 간단히 정리하면 '자연수를 가장 작은 수의 단위인 소인수들만의 곱으로 분해하여 나타내는 것'이라 할 수 있습니다.

소인수들의 순서를 생각하지 않을 경우, 모든 합성수를 소인수분해한 결과는 오직 1가지뿐입니다. 즉 24를 소인수분해하면 $2^3 \times 3$의 오직 1가지 형태로만 나타납니다.

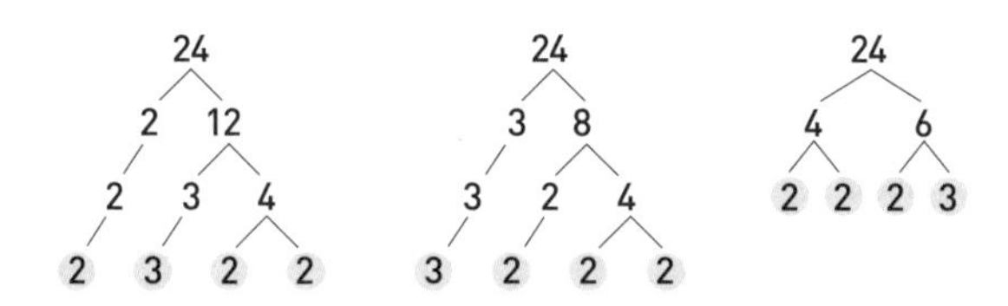

③ 소인수분해가 왜 필요한가?

그렇다면 '인수因數가 되는 수數'는 어떤 수일까요?

화학에서 말하는 '원자Atom'는 '원소의 성질을 잃지 않으면서 물질을 이루는 최소 입자로서 더 이상 나누거나 분해할 수 없는 물질'을 말합니다. 그리고 '분자Molecule'는 '원자의 결합체 중 독립 입자로 작용하는 단위체', 즉 '몇 개의 원자가 모여 이루어진 하나의 물질'을 말합니다. 그런데 이 원자 개념을 숫자에 적용한 것이 '소수素數'입니다. '소수'는 '1과 자기 자신만을 약수로 가지는 수'여서 '더 이상 분해할 수 없는 최소 단위의 수'이기 때문입니다.

결론적으로 말하면 '소수는 원자', '합성수는 분자'로 비유될 수 있고, 이 논리에 따라 합성수를 분해할 때 소수 형태의 약수가 바로 '인수因數'입니다. 그렇다면 12를 2 × 6 또는 3 × 4로 분해한 것은 소인수분해가 아니고, 2 × 2 × 3으로 분해한 것만을 소인수분해라고 해야겠지요.

그러면 수학에서 소인수분해가 왜 필요할까요?

앞에서 설명한 것처럼 어떤 합성수를 더 이상 분해할 수 없는 원자 개념의 소수로 만들어, 그 수의 특성을 정확히 파악하기 위함이지요.

60을 예로 들어봅시다.

이 수를 사람마다 제각기 6 × 10이나 5 × 12 또는 3 × 20, 2 × 30 등으로 분해하거나, 아니면 좀 더 세분한다고 2 × 3 × 10이나 2 × 5 × 6 또는 3 × 4 × 5 등으로 분해했다고 칩시다. 이 상황에서 여러분은 60의 원자인 수가 무엇인지 단정할 수 있겠습니까? 그 수는 분명한 종류로 정리될 수 있을텐데, 정해진 기준이 없다보니 분해하는 사람의 기분에 따라 제각각이 된 것입니다.

따라서 합성수의 원자가 되는 수를 정하는 기준이 '더 이상 분해할 수 없는 최소 단위의 수'인 '소수'입니다. 이 기준대로라면 제각각으로 분해된 60은 모두 하나의 결과, 즉 크기가 작은 순서대로 정리하면 2 × 2 × 3 × 5로 통일될 수 있습니다. 그리고 60은 2와 3과 5라는 원자[소수]의 화합물인 분자[합성수]로서 2와 3과 5의 배수라는, 숫자 60에 대한 다양한 정보를 얻을 수 있습니다.

예를 하나 더 들겠습니다. 공약수나 공배수를 구하기 위해서는 소인수분해를 합니다. 그리하여 구한 소수들 가운데 공통 소수만을 모아 곱한 값이 '최대공약수'이고, 최대공약수에다 특정 수에만 속하는 소수까지 다 모아서 곱한 값이 '최소공배수'입니다.

그렇다면 11,111과 111,111의 최대공약수와 최소공배수는 얼마일까요?

11,111과 111,111은 모두 1로만 이루어진 닮음꼴 수여서 소인수분해를 해보나마나 최대공약수는 11,111, 최소공배수는 111,111일 거라 지레짐작할 겁니다.

하지만 그 값은 전혀 엉뚱합니다. 11,111은 소수인 반면, 111,111 = 3 × 11 × 3367로 소인수분해되는 합성수이기 때문입니다. 즉 두 수는 겉으로는 닮아 보여도 그 특성은 전혀 달라서 최대공약수는 1, 최소공배수는 11,111 × 111,111 = 1,234,554,321이 된답니다.

그러면 연습문제로 98을 소인수분해 해볼까요. 먼저 98은 짝수이니까 2로 나눌 수 있으니 98 = 2 × 49가 되겠습니다. 여기서 49 = 7 × 7인데, 7은 소수이므로 더 이상 분해가 되지 않으므로 결국 98 = 2 × 7 × 7로 인수분해가 되겠네요. 그리고 98을 구성하는 원소는 2와 7이고요. 즉 98은 2의 배수이자 7의 배수랍니다.

여기서 참고로 설명할 사항은 '1은 소수도, 합성수도 아니다'는 것입니다. 1이 합성수가 아님은 알겠지만 소수가 아닌 것은 납득되지 않는데요. 그래서 1을 '소수'로 가정하고, 60에 대해 소인수분해를 해보겠습니다. 그러면 60 = 2 × 2 × 3 × 5로 분해하거나, 아니면 60 = 1 × 2 × 2 × 3 × 5 또는 60 = 1 × 1 × 1 × 2 × 2 × 3 × 5 등 무수히 많은 경우로 소인수분해할 수 있습니다. 어떤 수에 1을 몇 번 곱하든 그 값은 똑같기 때문입니다. 이런 이유로 수학자들은 1을 소수로 정의하지 않기로 합의한 겁니다.

④ 소인수분해 방법

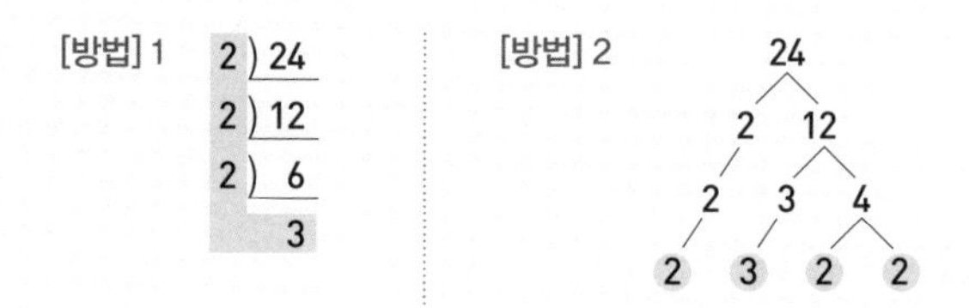

⑤ 서로소

두 개 이상의 정수 사이의 최대공약수가 1일 때, 그 수들은 '서로 소수素數 관계에 있다'고 하여 '서로소Pairwise Relative Prime'라고 합니다.

서로소	O	X
소수와 소수	(2, 3), (7, 11)	
합성수와 합성수	(4, 9), (9, 10)	(4, 12), (9, 99)
소수와 합성수	(3, 8), (11, 15)	(3, 12), (11, 121)

끝으로 두 자연수가 서로소일 때, 이 두 수의 최소공배수는 두 수의 곱과 같습니다. 예를 들면 9와 10의 최소공배수는 $9 \times 10 = 90$이 되는 것이지요.

제3장

분수

1. 닫혀 있다

우리는 '닫혀 있다'에 대해 세 번째 배우는데요. 자연수에서는 덧셈과 곱셈에 대해 닫혀 있고, 정수에서는 덧셈과 뺄셈, 곱셈에 대해 닫혀 있음을 이미 배웠습니다. 한편, 정수에서 나눗셈에 대해 닫혀 있지 않은 것은 '정수 ÷ 정수'의 결과가 분수인 경우가 많기 때문임도 배웠는데요.

그렇다면 굳이 사례를 들지 않더라도 정수와 분수를 포함하는 유리수에서는 나눗셈에 대해 닫혀 있다는 것은 상식적으로 충분히 이해되지요. '정수 ÷ 정수'의 결과도 분수이고, '정수 ÷ 분수'나 '분수 ÷ 정수'의 결과도 분수이며, 심지어 '분수 ÷ 분수'의 결과도 역시 분수가 될테니까요.

따라서 유리수에서는 덧셈과 뺄셈, 곱셈과 나눗셈 등 모든 사칙연산에 대해 닫혀 있습니다. 그리고 이 말은 유리수의 범위 내에서는 사칙연산을 하면 그 결과가 항상 유리수가 된다는 의미입니다.

2. 사칙연산을 위한 예비과정

앞에서 '숫자나 물건을 여러 조각으로 나눌 때 이를 표시하려고 만든 수'가 '분수Fraction'라고 배운 데서도 알 수 있듯이, 분수는 '나눗셈에 필요한 수'입니다. 하지만 그렇게 태어난 분수끼리도 서로 더하고 빼고, 곱하고 나누는 것을 할 수 있답니다.

예컨대 $\frac{1}{2}+\frac{1}{3}$이라든지 $\frac{4}{5}-\frac{2}{3}$ 같은 덧셈과 뺄셈, 아니면 $\frac{1}{2}\times\frac{2}{3}$ 또는 $\frac{4}{3}\div\frac{1}{5}$ 같은 곱셈과 나눗셈도 가능하다는 것이지요. 그렇기 때문에 유리수에서는 덧셈과 뺄셈, 곱셈과 나눗셈에 대해 닫혀 있다고 이야기한 것이고요.

그러면 분수의 사칙연산에 들어가기 전에 '통분'과 '약분', 그리고 '역수' 개념에 대해 간단히 배우도록 하겠습니다.

1) 통분

분수의 사칙연산을 하기 위해서는 통분을 알아야 하는데요. 통분通分이란 '분모의 숫자들을 서로 같게 하는 것'을 말합니다.

예를 들어 $\frac{1}{5}+\frac{3}{5}$은 5등분한 것의 하나와 5등분한 것의 셋을 합친 것이므로 5등분한 것의 넷, 즉 $\frac{4}{5}$가 됩니다.

하지만 $\frac{1}{2}$과 $\frac{1}{3}$을 더하거나 빼려면 그냥 두 수를 더할 수 없고, 각 분수의 분모인 2와 3을 서로 같게 해야 한다는 것입니다. 따라서 통분通分을 쉽게 표현하면 '분모의 숫자가 같은 공통共通인 분수分數로 만드는 것'이라 할 수 있습니다.

그러면 왜 분수의 덧셈과 뺄셈에서 굳이 분모의 숫자를 같게 만드는 작업이 필요할까요?

그것은 분수들 간의 기준을 서로 같게 하기 위함입니다.

아래 그림을 보면서 설명하겠습니다.

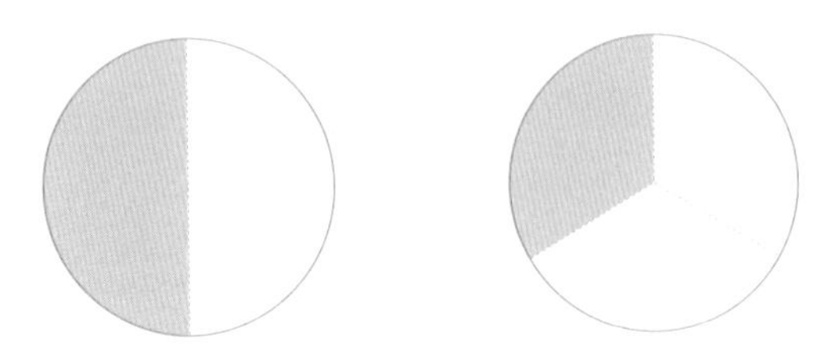

왼쪽 원의 빗금친 부분의 크기는 전체의 $\frac{1}{2}$이고 오른쪽 그림의 빗금친 부분은 $\frac{1}{3}$입니다.

그런데 이들을 더하려면 어떻게 해야 할까요?

각 조각의 크기가 서로 다른 기준에서 나뉘어 있기 때문에 두 부분을 합칠 때 크기가 어느 정도인지 도저히 감을 잡을 수 없습니다.

이때 나누는 기준을 서로 통일하면 어떨까요?

즉 왼쪽은 2등분했고, 오른쪽은 3등분했으므로, 이 두 수의 최소공배수인 6을 기준으로 하여 각각 6등분하는 것입니다.

그러면 아래 그림처럼 될 것입니다.

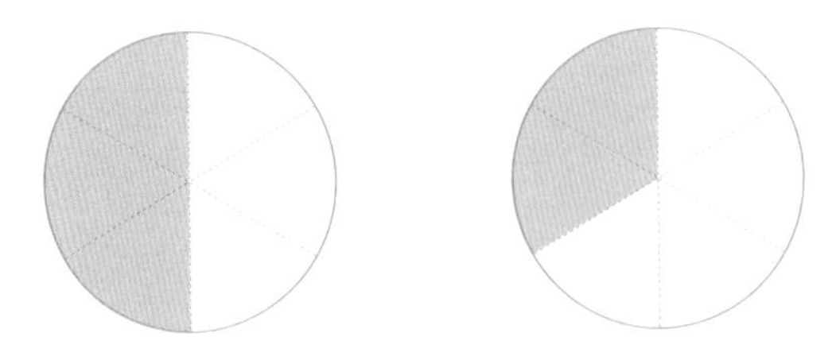

이 그림을 보면 왼쪽은 $\frac{1}{2}$이 $\frac{3}{6}$으로 변했고, 오른쪽은 $\frac{1}{3}$이 $\frac{2}{6}$로 변했지만, 새로 나뉘어진 하나하나는 크기가 모두 같아져 있음을 알 수

있습니다. 그리고 이렇게 6등분하여 크기가 같아진 것의 개수만 합치면 계산이 끝납니다.

여기서는 6등분한 것의 3개와 2개의 합이므로 6등분한 것의 5개, 즉 $\frac{5}{6}$가 됩니다. 이를 식으로 표시하면 $\frac{1}{2}+\frac{1}{3}=\frac{3}{6}+\frac{2}{6}=\frac{5}{6}$가 되지요.

따라서 분수에서는 분모가 다르다는 것은 나누는 기준이 서로 다르다는 뜻이므로, 덧셈 또는 뺄셈을 하기 위해서는 나누는 기준, 즉 분모를 통일하는 것이 가장 중요합니다.

잠시 후에 배우겠지만, $\frac{1}{2}$과 $\frac{3}{6}$은 그 값이 같은 동치분수이고, $\frac{1}{3}$과 $\frac{2}{6}$ 역시 동치분수 입니다. 이 말은 $\frac{1}{2}$로 계산하거나 $\frac{3}{6}$으로 계산해도 결과는 똑같다는 뜻입니다. 그렇기 때문에 분모를 통일하는 통분도 가능하다는 것이지요.

다만 여기서 잊어서는 안 될 포인트는 분수를 통분할 때, 분자도 분모의 증가 비율만큼 같이 증가시켜야 한다는 것입니다.

즉 $\frac{1}{2}+\frac{1}{3}=\frac{1}{6}+\frac{1}{6}=\frac{2}{6}=\frac{1}{3}$로 계산해서는 안 된다는 것이지요.

2) 약분約分

앞의 통분에서 '동치분수'라는 용어가 잠깐 등장했는데요. 동치同値는 '같은 同'에 '값 値'를 합친 말로서 '같은 값' 또는 '값이 같다'는 뜻입니다.

따라서 $\frac{1}{2}$, $\frac{2}{4}$, $\frac{3}{6}$ 등과 같이 '그 값은 같지만 분모와 분자의 크기가 다른 분수'를 동치분수라고 합니다.

$\frac{1}{2}$과 $\frac{2}{4}$는 왜 같은 값일까요? $\frac{2}{4}$는 2와 4의 공약수인 2로 나누면

$\frac{1}{2}$이 되기 때문입니다. 마찬가지로 $\frac{3}{6}$은 3과 6의 공약수인 3으로 나누면 $\frac{1}{2}$이 되고요.

아래 그림을 보면 이해가 쉬울 겁니다.

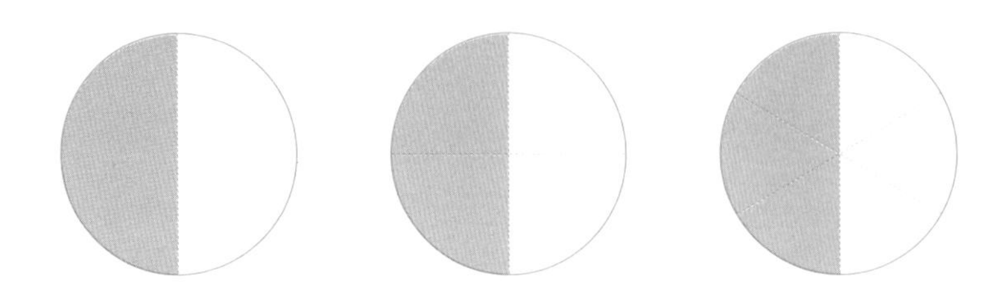

원을 정확히 2등분한 것의 하나와 정확히 4등분한 것의 둘, 정확히 6등분한 것의 셋은 그 크기가 모두 같습니다.

이렇듯 '분모와 분자를 같은 약수約數로 나누는[分] 것'을 약분約分이라고 합니다. 따라서 어떤 분수의 동치분수는 그 수가 무한하지만, 약분하면 모두 같은 값이 됩니다.

다만 분수의 사칙연산 결과가 분모와 분자를 약분할 수 있는 분수라면 약분을 해서 기약분수로 표시해야 합니다.

예를 들어 $\frac{1}{2}+\frac{1}{3}-\frac{1}{6}$을 계산해봅시다. 분모 2와 3, 6의 최소공배수인 6으로 통분하여 $\frac{3}{6}+\frac{2}{6}-\frac{1}{6}$로 통일했습니다. 이제 계산을 하면 $\frac{3+2-1}{6}=\frac{4}{6}$가 됩니다.

그런데 답을 표시하는 과정에서 어떤 학생은 분모 4와 6의 최대공약수인 2로 약분하여 $\frac{2}{3}$로 표시한 반면, 어떤 학생은 그냥 나온 답 그대로 $\frac{4}{6}$로 한다든지, 아니면 또 다른 학생은 선생님을 놀리기 위해 동치분수의 개념을 활용해 분모와 분자를 37배한 $\frac{74}{111}$, 또는 53배한 $\frac{106}{159}$ 등 다양한 답을 써낸다면, 채점하는 입장에서는 얼마나 혼란스럽겠어요?

그래서 분수의 계산 과정에서는 어쩔 수 없이 통분을 해야 하기 때문에 최소공배수를 곱해서 분모와 분자의 숫자를 크게 만들지만, 계산을 마친 결과는 다시 최대공약수로 약분한 기약분수로만 표기하기로 수학자들끼리 약속했답니다.

여기서 또 하나의 분수인 '기약분수'가 나타났는데요. 기약분수既約分數, Irreducible Fraction는 '이미[旣] 약분約分한 분수'라는 뜻으로 '분모와 분자가 어떤 수로도 동시에 나누어지지 않는 분수'를 말합니다. 이 분수에서는 분모와 분자가 1 이외에는 어떤 공약수도 갖지 않습니다.

따라서 이제부터는 분수 계산을 마치면, 답을 적기 전에 그 분수가 기약분수인지 아닌지 확인하는 훈련을 반복하기 바랍니다.

3) 역수逆數

왜 나눗셈을 곱셈으로 바꾸어 계산할 수 있는지, 그리고 어떻게 하면 곱셈으로 바꾸어 계산할 수 있는지 알아볼까요. 먼저 '역수逆數'란 뭘까요?

0이 아닌 정수 a에 대하여 1을 그 수로 나눈 수인 $\frac{1}{a}$을 'a의 역수'라고 합니다. 즉 두 수의 곱이 1이 될 때 그 수들은 서로 역수 관계가 됩니다.

그리고 a가 분수일 때, 그 역수는 분모와 분자를 교환한 것이 되므로 $\frac{3}{4}$의 역수는 $\frac{4}{3}$입니다.

한편, '재역수再逆數'란 용어도 있는데요. 이것은 '역수逆數의 역수逆數'를 말합니다.

a의 역수는 $\frac{1}{a}$이고, a의 재역수는 $\frac{1}{a}$의 역수이므로 다시 a가 됩니다. 그러므로 결국 a의 재역수는 a입니다.

3. 분수의 종류

우리는 앞에서 값은 같지만 분모와 분자의 크기가 다른 '동치분수'와 더 이상 약분이 되지 않는 '기약분수'를 배웠는데요. 분수에는 그 외에도 여러 종류가 있습니다.

먼저 '분자가 분모보다 작은 분수'를 '진분수眞分數'라고 합니다. 그리고 그 반대인 분수, 즉 '분자가 분모보다 큰 분수'는 '가분수假分數'라고 하지요.

$\frac{1}{2}$이나 $\frac{2}{5}$ 같은 분수는 진분수이고, $\frac{3}{2}$이나 $\frac{17}{5}$ 같은 분수는 가분수이지요.

한편, 가분수는 '정수와 진분수의 합'인 '대분수帶分數'의 꼴로 바꿀 수 있습니다.

$\frac{3}{2}$은 $\frac{2}{2}+\frac{1}{2}$이므로 $1\frac{1}{2}$의 대분수 꼴로 바꿀 수 있고, $\frac{17}{5}$은 $\frac{15}{5}+\frac{2}{5}$이므로 $3\frac{2}{5}$로 바꿀 수 있는 것이지요.

4. 사칙연산

통분과 역수의 개념만 알고 있으면 분수의 사칙연산은 어렵지 않습니다. 분수의 사칙연산 역시 정수의 사칙연산과 동일하며, 다만 정수가 유리수로 확장된 것뿐입니다. 따라서 정수의 사칙연산에 대해 자신 없는 학생은 그 부분을 다시 한 번 복습한 뒤에 시작하기 바랍니다.

1) 덧셈

① 부호가 같은 두 수

두 수를 통분한 다음 절댓값의 합에 공통인 부호를 붙인다.

예 $(+\frac{1}{2})+(+\frac{2}{3})=+(\frac{3}{6}+\frac{4}{6})=+\frac{7}{6}=+1\frac{1}{6}$

$(-\frac{2}{5})+(-\frac{1}{4})=-(\frac{8}{20}+\frac{5}{20})=-\frac{13}{20}$

② 부호가 다른 두 수

두 수를 통분한 다음 절댓값의 차에 절댓값이 큰 수의 부호를 붙인다.

예 $(+\frac{3}{5})+(-\frac{1}{3})=+(\frac{9}{15}-\frac{5}{15})=+\frac{4}{15}$

$(-\frac{3}{4})+(+\frac{1}{2})=-(\frac{3}{4}-\frac{2}{4})=-\frac{1}{4}$

③ 절댓값이 같고 부호가 다른 두 수

항상 0이다.

예 $(+\frac{2}{3})+(-\frac{2}{3})=0$

2) 뺄셈

두 수를 통분한 다음 빼는 수의 부호를 바꾸어 덧셈으로 고쳐서 계산한다.

예 $(+\frac{2}{3})-(+\frac{4}{5})=(+\frac{10}{15})+(-\frac{12}{15})=-\frac{2}{15}$

부호 반대로 / 덧셈으로

$(+\frac{1}{2})-(-\frac{1}{3})=(+\frac{3}{6})+(+\frac{2}{6})=+\frac{5}{6}$

부호 반대로 / 덧셈으로

3) 덧셈과 뺄셈의 혼합 계산

세 수 이상의 덧셈, 뺄셈에서는 먼저 모든 수를 통분한 다음 뺄셈은 덧셈으로 고친 후, 양수는 양수끼리, 음수는 음수끼리 모아서 계산한다.

예 $(+\frac{1}{3})-(+\frac{1}{5})+(-\frac{3}{4})-(-\frac{2}{5})$

$=(+\frac{20}{60})+(-\frac{12}{60})+(-\frac{45}{60})+(+\frac{24}{60})$

$=\{(+\frac{20}{60})+(+\frac{24}{60})\}+\{(-\frac{12}{60})+(-\frac{45}{60})\}$

$=+\frac{44}{60}+(-\frac{57}{60})=-\frac{13}{60}$

4) 곱셈

예를 들어 $\frac{1}{4}\times 5$는 무슨 뜻일까요?

2×5는 2를 다섯 번 더한다는 뜻이므로 $2+2+2+2+2=10$입니다.

마찬가지로 $\frac{1}{4}\times 5$ 역시 $\frac{1}{4}$을 다섯 번 더한 것, 즉 $\frac{1}{4}+\frac{1}{4}+\frac{1}{4}+\frac{1}{4}+\frac{1}{4}=\frac{5}{4}$가 됩니다.

우리는 제1부 제3장에서 다음 내용을 배운 적이 있습니다.

'50000원을 네 사람이 나누어 가진다면 한 사람당 얼마씩 돌아갈까요?'라는 문제를 풀 때, 50000을 4등분하는 $\frac{50000}{4}$으로 이해할 수도 있지만, 한 사람의 몫은 $\frac{1}{4}$이므로 $50000 \times \frac{1}{4}$로 이해해도 된다는 것이지요.

이 말은 결국 $\frac{50000}{4} = 50000 \times \frac{1}{4}$이며, 이는 거꾸로 $50000 \times \frac{1}{4} = \frac{50000}{4}$으로 생각해도 된다는 뜻입니다.

따라서 이상의 내용을 '수의 일반화'를 빌려 표현하면 $a \times \frac{c}{b} = \frac{a \times c}{b}$가 됩니다.

이번에는 $\frac{1}{4} \times \frac{1}{2}$을 계산하는 법을 배워봅시다.

먼저 $\frac{1}{4} \times \frac{1}{2}$은 무엇을 뜻하는 계산일까요?

$\frac{1}{4} \times 1 = \frac{1}{4}$인데요. 이 계산은 무엇을 뜻하는지 이해되지요? $\frac{1}{4}$을 1배하면 자기 자신이 되는 것이니까요.

그렇다면 $\frac{1}{4} \times \frac{1}{2}$은 $\frac{1}{4}$을 $\frac{1}{2}$배하라는 뜻으로 해석하면 어떻겠어요?

이 경우 $\frac{1}{4}$을 1배하면 $\frac{1}{4}$이므로 $\frac{1}{4}$을 $\frac{1}{2}$배한 것은 1배의 반이므로 $\frac{1}{8}$이 되는 것이지요.

이를 식으로 표현하면 $\frac{1}{4} \times \frac{1}{2} = \frac{1}{8}$이 되는데요. 결국 따지고 보면 분모는 분모끼리 곱한 값이 되고, 분자는 분자끼리 곱한 값이 되는 것을 알 수 있습니다.

따라서 '수의 일반화'를 활용해 표현하면 $\frac{a}{b} \times \frac{c}{d} = \frac{a \times c}{b \times d}$가 됩니다.

이제 분수의 곱셈 공식을 정리하겠습니다.

① 정수 × 분수

$$a \times \frac{c}{b} = \frac{a \times c}{b}$$

예 $5 \times \frac{2}{3} = \frac{5 \times 2}{3} = \frac{10}{3} = 3\frac{1}{3}$

② **분수 × 분수**

$$\frac{a}{b} \times \frac{c}{d} = \frac{a \times c}{b \times d}$$

예 $\frac{3}{4} \times \frac{2}{3} = \frac{3 \times 2}{4 \times 3} = \frac{6}{12} = \frac{1}{2}$

5) 나눗셈

① 개념

우리는 '나눗셈'이라는 용어에 익숙해진 나머지 '어떤 수를 다른 수로 나누는 것'만을 으레 생각하지만, 실제로 나눗셈에는 두 가지 의미가 담겨 있습니다.

ⓐ 포함제包含除

이것은 '어떤 수 안에 다른 수가 몇 번 포함되는가?'를 구하기 위한 나눗셈입니다. 예를 들면 '28일은 몇 주일인가?'와 같은 문제를 풀기 위한 나눗셈입니다.

ⓑ 등분제等分除

이것은 '어떤 수를 다른 수로 나누어 똑같이 얼마씩 가질 수 있는가?'를 구하기 위한 나눗셈입니다. 예를 들면 '사과 9개를 7명이 똑같이 나누어 갖는다면 몇 개씩 가질 수 있는가?'와 같은 문제를 풀기 위한 나눗셈입니다.

따라서 어떤 종류의 나눗셈이냐에 따라 포함제와 등분제의 구분이 정해집니다. 예를 들면 $8 \div 2 = 4$의 문제는 등분제와 포함제의 개념으로 설명이 모두 가능하지만, $4 \div \frac{1}{2} = 8$은 포함제로만, $\frac{1}{2} \div 4 = \frac{1}{8}$은 등분제로만 설명이 가능하며, $\frac{1}{2} \div \frac{1}{4} = 2$는 역시 포함제로만 설명이 가능합니다.

이렇듯 문제의 성격에 따라 포함제로 해석해야 할 것을 오로지 등분제로만 해석하려고 하니 나눗셈을 정확히 이해하지 못한 많은 학생들이 나눗셈을 어렵게 여기는 것입니다.

② 공식

사과 두 개를 가지고 세 사람이 나누어 먹을 때 한 사람에게 돌아오는 몫은 얼마일까요?

사과 두 개가 피젯수가 되고, 나누어 먹는 세 사람이 젯수가 되므로 $\frac{2}{3}$가 될 것입니다.

이것을 나눗셈 기호를 사용해서 표현하면 $2 \div 3$이 됩니다. 즉 $2 \div 3 = \frac{2}{3} = 2 \times \frac{1}{3}$이 되는 것이지요. 여기서 중간 과정을 생략하면 $2 \div 3 = 2 \times \frac{1}{3}$이라는 결론이 나오는데요.

이 식을 유심히 살펴보면 $(\div 3)$이 $(\times \frac{1}{3})$로 바뀌어 있음을 알 수 있습니다.

3과 $\frac{1}{3}$은 역수 관계에 있으므로 결국 '나누기'는 '젯수의 역수를 곱하는 것'으로 이해하면 나눗셈 계산을 쉽게 할 수 있습니다.

나눗셈은 $a \div b = a \times \frac{1}{b}$처럼 젯수의 역수를 곱하면 되므로 곱셈의 원리와 동일	예 $(+8) \div (+2) = (+8) \times (+\frac{1}{2}) = +\frac{8}{2} = +4$ $(-8) \div (+\frac{1}{3}) = (-8) \times (+3) = -24$ $(-\frac{2}{5}) \div (-\frac{3}{4}) = (-\frac{2}{5}) \times (-\frac{4}{3}) = +\frac{8}{15}$
음수의 개수가 짝수 개 : 양수 음수의 개수가 홀수 개 : 음수 (음수 ÷ 음수) ÷ 음수 = (양수) ÷ 음수 = 음수	예 $(-\frac{2}{3}) \div (-\frac{2}{5}) \div (+\frac{1}{2})$ $= (-\frac{2}{3}) \times (-\frac{5}{2}) \times (+\frac{2}{1})$ $= (+\frac{2 \times 5 \times 2}{3 \times 2 \times 1}) = +\frac{20}{6} = +\frac{10}{3} = 3\frac{1}{3}$

이번에는 젯수의 역수를 곱하는 이유를 다른 시각에서 살펴보겠습니다.

ⓐ 10 ÷ 5 같은 (정수) ÷ (정수)의 경우

'10 속에 5가 2번 포함된다'는 의미가 가능하므로 포함제가 성립하고, 또한 '10개를 5사람에게 똑같이 나누어주면 2개씩 줄 수 있다'는 의미로 해석할 수도 있으므로 등분제도 성립합니다.

따라서 $10 \div 5 = \frac{10}{5} = \frac{2}{1} = 2$입니다.

ⓑ $\frac{4}{5} \div \frac{2}{5}$ 같은 (분수) ÷ (분수)의 경우

'$\frac{4}{5}$ 속에 $\frac{2}{5}$가 2번 포함된다'는 의미가 가능하므로 포함제는 성립하지만, '$\frac{4}{5}$개를 $\frac{2}{5}$ 사람에게 똑같이 나누어 준다'는 의미는 불가능하므로 등분제는 성립하지 않습니다.

따라서 이 식을 포함제를 통해 풀어보면 $\frac{4}{5} \div \frac{2}{5}$는 $\frac{4}{5}$ 속에 $\frac{2}{5}$가 2

번 포함되어 있다는 사실을 쉽게 알 수 있으며, $\frac{4}{5}$는 $\frac{2}{5}$의 2배 크기라는 의미로도 이해할 수 있습니다.

그러므로 이런 경우의 계산은 분모를 무시하고 분자끼리의 나눗셈, 즉 $4 \div 2$만으로 계산해도 됨을 알 수 있습니다.

이런 예를 몇 가지 더 들어보기로 하지요.

$$\frac{8}{15} \div \frac{2}{15} = 8 \div 2 = 4$$

$$\frac{12}{20} \div \frac{4}{20} = 12 \div 4 = 3$$

$$\frac{18}{45} \div \frac{3}{45} = 18 \div 3 = 6$$

이번에는 분모가 다른 분수의 나눗셈, 즉 $\frac{3}{4} \div \frac{2}{5}$를 살펴보겠습니다.

이 문제 역시 포함제에 해당하는 문제로서 분모가 서로 다르므로 통분하여 풀 수 있습니다.

그런데 분모 4와 5를 통분하는 과정을 유심히 살펴보면 $\frac{3}{4} \div \frac{2}{5} = \frac{3 \times 5}{4 \times 5} \div \frac{2 \times 4}{5 \times 4} = \underline{(3 \times 5) \div (2 \times 4)} = 15 \div 8 = \frac{15}{8}$가 됨을 알 수 있는데요. 밑줄 친 과정이 바로 피젯수에 젯수의 역수를 곱하는 과정입니다. 즉 $\frac{3}{4} \div \frac{2}{5} = \frac{3}{4} \times \frac{5}{2}$가 되는 것이지요.

따지고 보면 $10 \div 5 = 10 \times \frac{1}{5}$이고, 또한 $\frac{4}{5} \div \frac{2}{5} = \frac{4}{5} \times \frac{5}{2}$와 같습니다. 따라서 모든 나눗셈에서 '피젯수에 젯수의 역수를 곱하면 된다'는 규칙이 성립하므로 계산을 쉽고 빠르게 하려면 이제부터 이 규칙을 그대로 적용하면 되겠습니다.

5. 특별한 분수

1) 단위분수單位分數

① 정의

단위분수는 $\frac{1}{2}$, $\frac{1}{3}$, $\frac{1}{4}$과 같이 분자가 1인 분수를 말합니다.

분수가 기록된 최초의 문헌은 이집트의 '아메스 파피루스'라고 했습니다. 이 문헌을 보면 고대 이집트인들은 $\frac{2}{3}$를 제외하고는 모든 분수를 단위분수로 나타냈는데요. 그들이 단위분수만 사용한 이유는 나누는 일을 최대한 단순화하려 했던 것으로 추정됩니다.

예를 들어 네 사람이 세 개의 수박을 얻었을 경우를 가정하면, 세 개의 수박을 한 번에 네 사람이 $\frac{3}{4}$씩 나누어 갖는다는 것은 대단히 어려운 개념이었습니다. 그래서 그들은 우선 수박 한 개를 네 조각으로 나누어 각자 $\frac{1}{4}$씩 갖고, 다음 수박 한 개를 네 조각으로 나누어 각자 $\frac{1}{4}$씩 갖고, 마지막 수박 한 개도 똑같이 네 조각으로 나누어 $\frac{1}{4}$씩 가지는 과정을 세 번 거쳤을 것으로 짐작됩니다.

따라서 단위분수는 인간이 분수를 계산하는 가장 쉬운 방법이므로 이 개념을 정확히 이해하면 분수 계산의 다양한 응용법을 쉽게 익힐 수 있습니다.

② 단위분수 만들기

ⓐ 동치분수 이용

예 $\frac{3}{5}$인 경우

㉠ $\frac{3}{5}$과 동치분수의 분자 중에서 처음 분수의 분모보다 1이 큰

분수를 찾습니다.($\frac{3}{5}=\frac{6}{10}$)

[이유]
'분자 = 처음 분수의 분모에 해당하는 수 + 1'이면, 1은 단위분수의 기본이고, 나머지 '처음 분수의 분모에 해당하는 수' 역시 동치분수의 분모와 나누면 1이 되어 분해된 두 수 모두 분자가 1인 단위분수가 되기 때문

㉡ 이 분수를 분모가 같은 단위분수와 또 하나의 분수로 분해합니다.($\frac{6}{10}=\frac{5}{10}+\frac{1}{10}$)

㉢ 단위분수를 뺀 다른 분수를 단위분수로 약분합니다.
($\frac{5}{10}+\frac{1}{10}=\frac{1}{2}+\frac{1}{10}$)

ⓑ 약수 이용

예 $\frac{59}{70}$인 경우

㉠ 70의 약수를 찾습니다.(1, 2, 5, 7, 10, 14, 35, 70)

㉡ 이 약수들 중에 더해서 분수 $\frac{59}{70}$의 분자가 되는 약수를 선택합니다. 여기서는 (10, 14, 35), (1, 2, 7, 14, 35), (2, 5, 7, 10, 35) 등이 있습니다.

[이유]
'A의 약수'는 모두 A로 나누면 1이 될 수 있는 수이므로, 그 수의 합이 분자가 되는 약수들을 각각 분모로 나누면 분자가 1인 분수가 되기 때문

㉢ 이렇게 선택된 수를 분자로 하고 분모를 70으로 하여 더하면 됩니다.

$(\frac{10}{70} + \frac{14}{70} + \frac{35}{70})$ 또는 $(\frac{1}{70} + \frac{2}{70} + \frac{7}{70} + \frac{14}{70} + \frac{35}{70})$ 등

㉣ 분자와 분모를 약분하여 단위분수로 만듭니다.

$(\frac{1}{7} + \frac{1}{5} + \frac{1}{2})$ 또는 $(\frac{1}{70} + \frac{1}{35} + \frac{1}{10} + \frac{1}{5} + \frac{1}{2})$ 등

ⓒ 피보나치 공식 이용

피보나치 공식 : $\frac{1}{a} = \frac{1}{(a+1)} + \frac{1}{a(a+1)}$

[증명] $\frac{1}{a} - \frac{1}{(a+1)} = \frac{a+1}{a(a+1)} - \frac{a}{a(a+1)}$

$= \frac{(a+1)-a}{a(a+1)} = \frac{1}{a(a+1)}$

즉 $\frac{1}{a} - \frac{1}{(a+1)} = \frac{1}{a(a+1)}$

따라서 $\frac{1}{a} = \frac{1}{(a+1)} + \frac{1}{a(a+1)}$

예 $\frac{1}{2} - \frac{1}{3} = \frac{1}{6}$ $\quad \therefore \frac{1}{2} = \frac{1}{3} + \frac{1}{6}$

몇 가지 사례를 더 들어보면

$\frac{1}{3} = \frac{1}{4} + \frac{1}{12}$ $\qquad \frac{1}{4} = \frac{1}{5} + \frac{1}{20}$ $\qquad \frac{1}{5} = \frac{1}{6} + \frac{1}{30}$

또 $\frac{1}{2} = \frac{1}{3} + \frac{1}{6}$에서 $\frac{1}{3}$을 같은 방법으로 분모가 서로 다른 단위분수의 합으로 만들면 $\frac{1}{2} = \frac{1}{4} + \frac{1}{12} + \frac{1}{6}$이 되며, 다시 $\frac{1}{4}$을 같은 방법을 사용하면 $\frac{1}{2}$은 2개, 3개, 4개 …와 같이 얼마든지 많은 단위분수의 합으로 나타낼 수 있습니다.

$$\frac{1}{2} = \frac{1}{3} + \frac{1}{6}$$
$$= \frac{1}{4} + \frac{1}{12} + \frac{1}{6}$$
$$= \frac{1}{5} + \frac{1}{20} + \frac{1}{12} + \frac{1}{6}$$
$$\vdots$$

ⓓ 자연수 1을 단위분수의 합으로 나타내는 법

예 수 18의 약수를 이용하여 자연수 1을 분모가 다른 단위분수의 합으로 나타낼 경우

㉠ 18의 진약수를 찾습니다.(1, 2, 3, 6, 9)

㉡ 18이 될 수 있는 수를 구합니다.(3, 6, 9)

이 계산법은 위에서 설명한 '약수 이용' 원리를 그대로 이용한 계산법입니다.

㉢ 이 세 수를 분자로 하고, 분모를 18로 하여 분수의 합으로 나타냅니다.($\frac{3}{18} + \frac{6}{18} + \frac{9}{18}$)

㉣ 분자와 분모를 약분하여 기약분수로 바꿉니다.($\frac{1}{6} + \frac{1}{3} + \frac{1}{2}$)

ⓔ 단위분수의 차로 나타내는 법

예 $\frac{1}{8}$인 경우

㉠ 주어진 분수와 크기가 같은 분수를 만들어 분자끼리의 차가 1일 때 약분하여 단위분수로 바꿉니다.

$$\frac{1}{8} = \frac{4}{8} - \frac{3}{8} = \frac{1}{2} - \frac{3}{8} = \frac{1}{2} - (\frac{1}{8} + \frac{2}{8}) = \frac{1}{2} - (\frac{1}{8} + \frac{1}{4})$$
$$= \frac{1}{2} - \frac{1}{4} - \frac{1}{8}$$

2) 번분수

번분수繁分數, Complex Fraction는 '자연수와 분수' 또는 '분수와 자연수' 아니면 '분수와 분수'의 나눗셈을 분수 형태로 표기한 분수입니다. 바꾸어 말하면 '분자와 분모 가운데 적어도 어느 한 쪽이 분수 형태로 되어 있는 분수'를 말하는 것이지요.

예를 들면 $2 \div \frac{3}{5}$을 분수 형태로 표시하면 $\frac{2}{\frac{3}{5}}$가 되고, $\frac{1}{4} \div 3$은 $\frac{\frac{1}{4}}{3}$이 됩니다.

그리고 $\frac{4}{7} \div \frac{1}{2}$을 분수로 표시하면 $\frac{\frac{4}{7}}{\frac{1}{2}}$가 됩니다.

따라서 번분수는 분자나 분모에 분수가 섞여 있어 복잡하게 보일 뿐이지, 계산은 별로 어렵지 않습니다.

이제부터 번분수의 계산법을 공부하겠습니다.

$$\frac{\frac{a}{b}}{\frac{c}{d}} = \frac{a}{b} \div \frac{c}{d} = \frac{a}{b} \times \frac{d}{c} = \frac{ad}{bc} \qquad \text{즉 } \frac{\text{외항(바깥에 있는 수)의 곱}}{\text{내항(안에 있는 수)의 곱}}$$

분모나 분자가 자연수이면 이 자연수(N)를 $\frac{N}{1}$으로 바꾸어 대입

예 1 일반형 번분수

$$\frac{\frac{14}{3}}{\frac{6}{7}} = \frac{14 \times 7}{3 \times 6} = \frac{98}{18} = \frac{49}{9} = 5\frac{4}{9}$$

예 2 분자가 1인 번분수

$$\frac{1}{\frac{7}{3}} = \frac{\frac{1}{1}}{\frac{7}{3}} = \frac{1 \times 3}{1 \times 7} = \frac{3}{7}$$

예 3 분모가 1인 번분수

$$\frac{\frac{14}{3}}{1} = \frac{\frac{14}{3}}{\frac{1}{1}} = \frac{14 \times 1}{3 \times 1} = \frac{14}{3} = 4\frac{2}{3}$$

[핵심 포인트]
'분자가 1인 번분수'는'분모의 역수逆數'

[핵심 포인트]
'분모가 1인 번분수'는 '분자 그대로'
1로 나누는 것은 '나누나 마나'이기 때문

3) 연분수連分數

먼저 아래의 분수들을 살펴볼까요?

$$1 + \frac{1}{2 + \frac{1}{3}} \qquad 1 + \cfrac{1}{2 + \cfrac{1}{2 + \cfrac{1}{2 + \cfrac{1}{2 + \cfrac{1}{2 + \cdots}}}}}$$

이 분수들은 앞엣것처럼 분수 안에 분수가 들어 있는 형태이거나, 아니면 뒤엣것처럼 분수 안에 분수가 들어 있는 이런 형태가 계속 이어지고 있는데요. 이처럼 '분수 안에 번분수가 여러 번 이어지거나 또는 끝없이 계속해서 나타나는 형태의 분수'를 가리켜 '연분수連分數, Continued Fraction'라고 한답니다.

지금부터 연분수 계산법을 배워볼까요?

$$1+\cfrac{1}{2+\cfrac{1}{3}}$$

간단한 형태의 이 연분수를 계산하기 위해서는 분모를 알아야 하는데요. 문제는 분모 속에 번분수가 들어 있으므로 이 번분수를 정리하는 것이 급선무입니다.

그래서 일단 분모만 따로 떼어서 표시해보면 $2+\frac{1}{3}$이고 이것은 결국 $\frac{6}{3}+\frac{1}{3}=\frac{7}{3}$임을 알 수 있습니다.

따라서 위의 식에서 분모를 정리한 형태로 다시 표시하면 $1+\cfrac{1}{\frac{7}{3}}$이 됩니다.

이렇게 해서 원래의 연분수는 '1 + 번분수' 형태가 되었는데요.

이제 뒷부분의 번분수만 정리하면 답은 이미 구한 것과 다름없으므로 다시 번분수를 계산하면 $1+\frac{3}{7}$이 되었습니다. 따라서 이 문제의 답은 $\frac{10}{7}$이 되겠습니다.

그러면 다음 연분수의 값은 얼마일까요?(단, … 이하는 버릴 것)

$$1+\cfrac{1}{2+\cfrac{1}{2+\cfrac{1}{2+\cfrac{1}{2+\cfrac{1}{2+\cdots}}}}}$$

이 문제는 '끝없이 이어지는 연분수'여서 설명을 생략하겠지만, 그 대신 답은 $\frac{99}{70}$임을 알려드립니다.

이처럼 연분수는 원래 분수이지만 천성적으로 남보다 다른 뭔가를 찾아내고 싶어 하는 일부 수학자들이 '분자가 1인 번분수'의 계산법을 역으로 응용하여 만든 수학적 사고의 결과물입니다.

따라서 우리도 그들을 따라 분수를 연분수로 바꾸는 방법에 대해 공부하겠습니다.

먼저 분수 $\frac{13}{18}$을 연분수로 만들어봅시다.

$\frac{13}{18}$을 분자가 1인 번분수로 바꾸면 $\dfrac{1}{\frac{18}{13}}$이 됩니다. 여기서 분모가 가분수이므로 대분수로 바꾸면 $\frac{13}{13} + \frac{5}{13} = 1 + \frac{5}{13}$가 되고, 이를 전체로 표시하면 $\dfrac{1}{1+\frac{5}{13}}$이 되겠지요?

여기서 다시 분모에 들어 있는 $\frac{5}{13}$를 번분수로 표시하면 $\dfrac{1}{\frac{13}{5}}$이 되고, 분모 $\frac{13}{5}$을 대분수로 표시하면 $\frac{13}{5} = \frac{10}{5} + \frac{3}{5} = 2 + \frac{3}{5}$이 됩니다.

그리고 이를 다시 전체로 표시하면 $\dfrac{1}{1+\dfrac{1}{2+\frac{3}{5}}}$이 됩니다.

다시 분모에 들어 있는 분수 $\frac{3}{5}$을 번분수로 바꾸면 $\dfrac{1}{\frac{5}{3}}$이 되고, 분모 $\frac{5}{3}$를 대분수로 바꾸면 $1 + \frac{2}{3}$이므로 전체로 표시하면 $\dfrac{1}{1+\dfrac{1}{2+\dfrac{1}{1+\frac{2}{3}}}}$이 되지요.

아직까지 분자가 1이 아니므로 다시 분모를 번분수로 바꿉니다.

$\frac{2}{3}$를 번분수로 바꾸면 $\dfrac{1}{\frac{3}{2}}$이 되므로 분모의 가분수 $\frac{3}{2}$을 대분수로

바꾸면 $1+\frac{1}{2}$이 되며, 이를 전체로 표시하면 $\cfrac{1}{1+\cfrac{1}{2+\cfrac{1}{1+\cfrac{1}{1+\cfrac{1}{2}}}}}$이 됩니다.

이제 분모에 들어 있는 분수가 $\frac{1}{2}$로서 분자가 마침내 1이 되었으므로 더 이상 이 작업을 계속할 필요가 없습니다.

지금까지의 과정을 수학적으로 정리한 내용이 아래 왼쪽의 식입니다.

예 1 $\frac{13}{18}$

$13=0\times18+13$
$18=1\times13+5$
$13=2\times5+3$
$5=1\times3+2$
$3=1\times2+1$
$2=2\times1$

$0+\cfrac{1}{1+\cfrac{1}{2+\cfrac{1}{1+\cfrac{1}{1+\cfrac{1}{2}}}}} \Rightarrow \cfrac{1}{1+\cfrac{1}{2+\cfrac{1}{1+\cfrac{1}{1+\cfrac{1}{2}}}}}$

맨 앞의 0은 굳이 표시할 필요가 없으므로

그러면 이번에는 분수 $\frac{18}{13}$을 연분수로 만들어볼까요?

$\frac{18}{13}$은 가분수이므로 먼저 대분수로 바꾸면 $1+\frac{5}{13}$가 됩니다.

이 $\frac{5}{13}$를 번분수로 바꾸면 $\cfrac{1}{\frac{13}{5}}$이므로 전체적으로 표시하면 $1+\cfrac{1}{\frac{13}{5}}$이 되겠지요.

다시 분모에 들어 있는 가분수 $\frac{13}{5}$을 대분수로 바꾸면 $2+\frac{3}{5}$이 되고, 이를 다시 번분수로 바꾸면 $2+\frac{1}{\frac{5}{3}}$이 되므로 이를 전체 식으로 표시하면 $1+\frac{1}{2+\frac{1}{\frac{5}{3}}}$이 되겠네요.

분모 $\frac{5}{3}$가 가분수여서 역시 대분수로 바꾸면 $1+\frac{2}{3}$이므로, 이를 전체로 표시하면 $1+\frac{1}{2+\frac{1}{1+\frac{2}{3}}}$이 됩니다.

마지막으로 한 번만 더 하면 정리가 될 것 같으니 마저 하지요.

$\frac{2}{3}$를 번분수로 바꾸면 $\frac{1}{\frac{3}{2}}$이고, 분모의 $\frac{3}{2}$을 대분수로 바꾸면 $1+\frac{1}{2}$이어서, 이를 다시 전체 식으로 표시하면 $1+\frac{1}{2+\frac{1}{1+\frac{1}{1+\frac{1}{2}}}}$이 되었는데요. 역시 분모에 들어 있는 $\frac{1}{2}$의 분자가 1이므로 더 이상 진행할 필요 없이 끝났습니다.

지금까지의 과정을 역시 수학적으로 정리한 내용이 다음 페이지 왼쪽의 식입니다.

예 2 $\frac{18}{13}$

$18=1\times 13+5$
$13=2\times 5+3$
$5=1\times 3+2$
$3=1\times 2+1$
$2=2\times 1$

$$1+\cfrac{1}{2+\cfrac{1}{1+\cfrac{1}{1+\cfrac{1}{2}}}}$$

여기서 확실히 눈에 띄는 부분은 이렇습니다.

$\frac{13}{18}$은 1보다 작으므로 $\cfrac{1}{1+\cfrac{1}{2+\cfrac{1}{1+\cfrac{1}{1+\cfrac{1}{2}}}}}$로서 정수 부분이 0인 반면,

$\frac{18}{13}$은 1보다 크므로 $1+\cfrac{1}{2+\cfrac{1}{1+\cfrac{1}{1+\cfrac{1}{2}}}}$로서 정수 부분이 1임을 알 수 있습니다.

4) 비율분수比率分數

영수와 만수가 각각 사과를 3개와 4개 갖고 있을 때, 영수는 만수가 가진 사과의 $\frac{3}{4}$을 갖고 있다는 식으로 표현하려고 사용하는 분수를 '비율분수比率分數, Ratio Fraction'라 합니다.

분모와 분자에 두 개의 정수가 존재하는 형태인 분수를 수로 인정하기 싫었던 고대 그리스인들이 1 : 3이니 3 : 4로 두 수를 비교하는데 의미를 두고 만든 비율 표현을 오늘날 분수를 이용해 $\frac{1}{3}$이나 $\frac{3}{4}$으로 표현하면서 얻게 된 이름이지요.

그러면 마지막으로 그리스인들이 좋아했다는 '비와 비율'에 대해 공부하고 이 장을 마치겠습니다.

6. 비와 비율

지금부터 설명하는 부분은 『y쌤의 신기한 스펀지 수학교실』에 나오는 내용입니다. '비와 비율' 개념을 이해하는데 도움이 될 것 같아 요약하여 소개합니다.

1) '은(는) ÷ 의 ÷ 에' 법칙

다음 질문에 대해 자신 있게 대답할 수 있겠습니까?

'6은 3의 몇 배일까요?'

예, 2배입니다.

그렇다면 다음 질문은요?

'8의 2에 대한 비율은? 또는 2에 대한 8의 비율은 얼마일까요?'

'이게 도대체 무슨 말이야?'라는 생각이 먼저 들지요.

여기서 관점을 살짝 바꾸어 우리나라 족보에 대해 간단히 공부해봅시다.

[개념]

1대 : 김일녀 여사 – 최고남 씨
↓
2대 : 나(최이랑) – 고차원 씨
↓
3대 : 고삼순 양

'나는 김 여사의 딸이다.' …… ㉠

'나의 김 여사에 대한 관계는 딸이(라는 관계)다.'

또는 '김 여사에 대한 나의 관계는 딸이(라는 관계)다.' …… ㉡

㉠과 ㉡의 문장을 살펴보면 '딸'이란 관계는 '김 여사를 기준'으로 해서 부르는 명칭이지 '나를 기준'으로 해서 부르는 명칭이 아님을 알 수 있습니다. 즉 '기준은 김 여사'입니다.

우리는 앞에서 분수의 덧셈과 뺄셈을 위해서는 먼저 기준을 통일해야 하며, 기준을 통일하는 방법이 분모의 통분이라는 것을 배웠습니다. 이렇듯 분수에서 기준이 되는 것은 항상 '분모'입니다.

따라서 이 기준을 바탕으로 하여 위의 관계를 분수 형태로 표현하면 다음과 같이 됩니다.

$$\frac{\text{나(비교하려는 존재)}}{\text{김 여사(기준이 되는 존재)}} = \text{딸} \quad \frac{\text{나는}}{\text{김 여사의}} \quad \text{또는} \quad \frac{\text{나의}}{\text{김 여사에 대한}}$$

하지만 나는 김 여사를 기준으로 했을 때 '딸'이지, 내 딸인 고삼순 양을 기준으로 하면 거꾸로 '엄마'가 되기도 합니다.

그리고 또한 나를 기준으로 한다면 '김 여사는 나의 엄마다'라는 표현이 될 것입니다.

이를 바꾸어 말하면 '김 여사의 나에 대한 관계는 엄마(라는 관계)다' 또는 '나에 대한 김 여사의 관계는 엄마(라는 관계)다'도 마찬가지입니다.

이를 식으로 나타내면 다음과 같습니다.

$$\frac{\text{김 여사(비교하려는 존재)}}{\text{나(기준이 되는 존재)}} = \text{엄마} \quad \frac{\text{김 여사는}}{\text{나의}} \quad \text{또는} \quad \frac{\text{김 여사의}}{\text{나에 대한}}$$

이렇듯 '기준이 누구냐'에 따라 비교하려는 존재의 이름은 달라지기 때문에 가장 중요한 것은 '기준을 확실히 정하는 것'입니다.

이를 수에 대입하여 생각해볼까요?

'2는 4의 $\frac{1}{2}$배'란 말은 2가 4를 기준으로 해서 $\frac{1}{2}$배라는 것입니다. 만약 2를 기준으로 한다면 4는 반대로 2배가 될 것입니다.

따라서 우리는 4를 '기준이 되는 수', 2를 '비교하려는 수'라고 부릅니다.

그리고 '2는 4의 $\frac{1}{2}$배'란 말은 '2의 4에 대한 비율은 $\frac{1}{2}$' 또는 '4에 대한 2의 비율은 $\frac{1}{2}$'이란 말과도 같습니다.

[원리]

$$\frac{\text{비교하려는 수(분자)}}{\text{기준이 되는 수(분모)}} = \text{배(비율)} \qquad \frac{\text{2는}}{\text{4의}} \text{ 또는 } \frac{\text{2의}}{\text{4에 대한}} = \text{배(비율)}$$

이를 쉽게 요약하면 다음과 같이 정리할 수 있겠습니다.

[배/비율의 원리]
(○은(는) ÷ △의)
(△의 ÷ □에)

2) 비와 비율의 차이

비比와 비율比率 사이에는 의미상 무슨 차이가 있을까요? 비는 '단위가 같은 두 양을 비교'하는 방법이고, 비율은 '단위가 다른 두 양을 비교'하는 방법입니다.

예를 들어 물이 각각 2L와 3L가 든 두 통 ㉠과 ㉡을 비교하여 다음과 같이 말합니다.

(1) 통 ㉡에 든 물의 양에 대한 통 ㉠에 든 물의 양이 이루는 비는 2 : 3이다.

(2) 통 ㉠에 든 물의 양에 대한 통 ㉡에 든 물의 양이 이루는 비는 3 : 2이다.

반면 두 시간에 126km를 달린 자동차에 대해 다음과 같이 말합니다.

(1) 한 시간에 자동차가 달린 평균 거리는 63km이다. 이를 비율로 나타내면 63km/h가 된다.

(2) 이 자동차가 1km를 달리는데 걸린 평균시간은 $\frac{1}{63}$시간이다. 이를 잘 쓰지는 않지만 단위를 살려 비율로 나타내면 0.016h/km로 쓸 수 있다.

3) 전체와 부분 사이의 비율 계산법

① 선분도 법칙

'철수네 반의 남자 16명은 전체 학생의 $\frac{4}{9}$에 해당합니다. 철수네 반의 학생 수를 구하시오' 같은 문제를 풀 때 사용하는 공식입니다.

이를 선분도로 표시하면 다음과 같습니다.

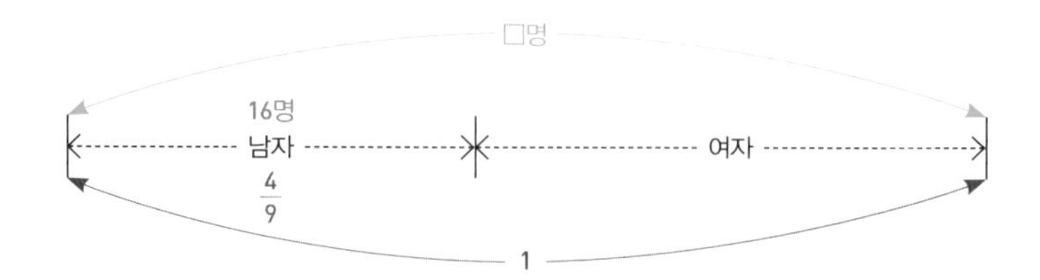

선분도를 그릴 때는 반드시 구체적인 양은 선분도의 위에, 비율은 선분도의 아래에 기입합니다.

그리고 이 선분도에 따라서 구하는 공식은 다음과 같습니다.

기준으로 삼는 양(□) = 선분도의 위(16) ÷ 선분도의 아래($\frac{4}{9}$)

이 공식의 원리를 설명하자면 다음과 같습니다.

'연필 3자루 값은 180원입니다. 그러면 1자루 값은 얼마일까요?'를 선분도로 나타내면 아래와 같습니다.

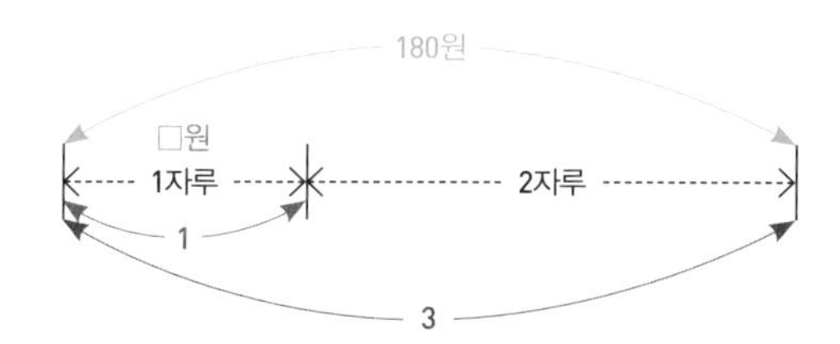

따라서 180원 ÷ 3 = 60원입니다.

이를 위와 같은 비율 형태로 나타내어 문제를 풀어보면 다음과 같습니다.

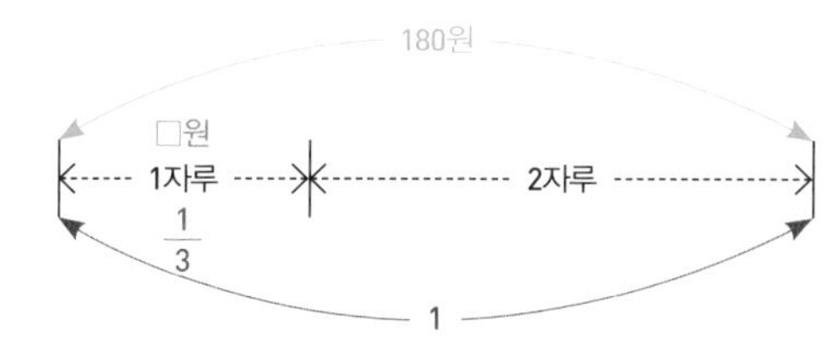

기준으로 삼는 양(180) = 선분도의 위(□) ÷ 선분도의 아래($\frac{1}{3}$)

이항하면 □ = $180 \times \frac{1}{3}$ = 180 ÷ 3으로 위와 동일함을 알 수 있습니다.

따라서 '기준으로 삼는 양 = 선분도의 위 ÷ 선분도의 아래'가 성립함을 알 수 있습니다.

참고로 여기서 '□를 1보다 작은 수로 나눈다'는 것은 '□의 크기를 더 크게 한다'는 뜻입니다.

즉 '□원을 $\frac{1}{3}$로 나눈다'는 것은 '□원의 3배를 3으로 나눈 몫이 □'라는 뜻이므로 □를 1보다 작은 수로 나누는 경우 답은 그 수보다 더 큰 수가 된다는 점에 유의해야 합니다.

제4장

소수小數

1. 소수는 분수의 변형된 형태

1) 소수의 정의

'분수의 또 다른 얼굴'이란 별칭에서 알 수 있듯이 소수와 분수는 같은 수의 다른 표현일 뿐입니다. 분수의 $\frac{1}{2}$과 소수의 0.5는 같은 값을 나타내기 때문입니다. 그래서 '소수Decimal'를 '0과 1 사이의 실수'라고 정의하는 것이지요.

하지만 여러분은 이 시점에서 뭔가 이상하다는 느낌이 들지 않습니까?

소수가 0과 1 사이의 실수라면 '1보다 큰 소수는 없다'는 건데, 그렇다면 1보다 큰 분수인 $\frac{3}{2}$과 같은 값의 소수는 존재할 수 없는데, 그러고도 어떻게 소수와 분수는 같은 수라고 단정하는 걸까요?

여러분의 고민은 충분히 이해됩니다. 그리고 이런 문제 제기를 잘 하는 학생이 정말로 수학을 잘 하는 학생입니다. 소수에 대한 정의를 정확히 이해했기 때문입니다.

그런데 이런 생각을 한 번 해보세요.

$\frac{3}{2}$은 가분수로서 이를 대분수로 바꾸면 $1+\frac{1}{2}$, 즉 $1\frac{1}{2}$이 됩니다. 그리고 이에 해당하는 소수는 $1+0.5$, 즉 1.5입니다.

즉 분모보다 분자가 큰 '가분수'가 있듯 소수에도 1.0이 넘는 '가소수'가 있으며, 또한 분모보다 분자가 작은 분수를 '진짜 분수'라는 의미에서 '진분수'라 부르듯 1.0보다 작은 소수도 '진소수'라고 생각하는 겁니다. 이렇게 이해하면 '1.0이 넘는 소수'는 '정수 + 소수'로 받아들일 수 있고, 따라서 더 이상 이상하다거나 혼란스럽다는 생각이 들지 않을테니까요.

2) 분수와의 차이점

그러면 소수는 분수와 어떤 점에서 차이가 날까요?

$\frac{분자}{분모}$라는 분수分數와는 달리 소수小數는 정수의 10진법에 소수점小數點이라는 기호를 사용함으로써 정수의 10진법 기수법을 유리수까지 확장한 기수법이라 할 수 있습니다.

이게 무슨 말일까요?

분수는 앞에서도 배웠듯이 네 사람이 사과 세 개를 나누어 먹으면 1인당 몫은 $\frac{3}{4}$이 되고, 아이스크림 일곱 개를 3000원에 샀다면 아이스크림 한 개의 값은 $\frac{3000}{7}$ 등 언제든지 젯수는 분모에, 피젯수는 분자에 써넣기만 하면 됩니다.

하지만 소수는 그렇지 않습니다. 젯수는 반드시 10의 거듭제곱 형태가 되어야 하기 때문이니까요.

위의 $\frac{3}{4}$은 분모를 10의 거듭제곱으로 만들기 위해 양변에 25를 곱하여 $\frac{75}{100}$로 고친 다음, 분자를 100으로 나누어 0.75로 표시하고, $\frac{3000}{7}$은 분모를 10의 거듭제곱으로 만들 수 없다보니 무한소수가 되는 것이지요.

소수를 만든 계기 역시 다음 일화에서 비롯되었다는 것은 이미 설명한 바 있습니다.

$\frac{1}{11}$이나 $\frac{1}{12}$ 대신 분모가 10 또는 100, 1000 등 10의 거듭제곱이면 이자 계산이 훨씬 편리할 것입니다. 하지만 분모가 10, 100인 형태로 분수를 나타내더라도 $\frac{3245}{10000}$나 $\frac{2467891}{10000000}$ 같은 경우는 어느 쪽이 더 큰지 쉽게 알 수 없습니다. 그래서 이런 분수를 알아보기 쉽고 편리하게 바꾸는 법을 고민하다가 아래와 같은 10진법을 이용하여 소수를 만들었습니다.

$\frac{3245}{10000}$ = 0⓪3①2②4③5④ ➡ 0.3245

$\frac{2467891}{10000000}$ = 0⓪2①4②6③7④8⑤9⑥1⑦ ➡ 0.2467891

이렇게 표기된 소수를 보는 느낌은 소수점만 없으면 마치 10진법으로 표기된 정수를 보는 것 같지 않습니까?

이리하여 10진법에 바탕을 둔 정수가 소수 영역으로까지 확장됨으로써 이제 10진법으로 유리수 전체를 표기할 수 있게 된 것입니다.

여러분은 $42 \div 8$의 답을 어떻게 구하나요?

$$\begin{array}{r} 5.25 \\ 8\overline{)\,42} \\ \underline{40} \\ 20 \\ \underline{16} \\ 40 \\ \underline{40} \\ 0 \end{array}$$

맞습니다.

그렇다면 여기서 여러분이 사용한 공식은 무엇일까요? 바로 '구구단' 공식입니다.

그런데 구구단 공식은 10진법을 바탕으로 한 수의 체계입니다.

구구단에서 $2 \times 2 = 4$입니다.

하지만 이것을 2진법으로 표기하면 어떻게 될까요?

그 답은 $10_{(2)} \times 10_{(2)} = 100_{(2)}$이 됩니다.

$9 \times 9 = 81$도 마찬가지입니다. 9진법으로 바꾸면 $10_{(9)} \times 10_{(9)} = 100_{(9)}$이 되고요.

따라서 $42 \div 8$의 답을 구할 때, 여러분은 의식했든 그렇지 않든 부지불식간에 10진법을 적용해 분수를 소수로 바꾼 것이지요.

다음 페이지의 계산법을 다시 한 번 보세요.

학교에서 배우는 계산법	분수를 이용한 계산법
$8\overline{)42}$ = 5.25 40 20 ➡ 10배 16 40 ➡ 10배 40 0 ➡ 10 × 10 = 10^2배	$\frac{42}{8}=\frac{42\div 2}{8\div 2}=\frac{21}{4}=\frac{20}{4}+\frac{1}{4}=5+\frac{1}{4}$ 다시 $\frac{1}{4}=\frac{1\times 25}{4\times 25}=\frac{25}{100}=0.25$ ⬅ 10^2배 그러므로 $5+\frac{1}{4}=5+0.25=5.25$

'학교에서 배우는 계산법'으로 푼 과정을 오른쪽의 '분수를 이용한 계산법'과 비교하면, 여러분이 계산 과정에서 10진법을 적용했음을 깨닫게 될 거에요.

이런 이유로 분수는 표현하기가 쉽다보니 더 많이 사용하고, 또한 곱셈과 나눗셈도 연산법칙에 따라 분모와 분자 사이에 곱하거나 나누기만 하면 됩니다. 그 대신 두 수 간에 크기를 비교하거나 덧셈, 뺄셈을 하려면 통분하거나 10진법으로 고쳐야 하므로 번거롭고 귀찮습니다.

반면 소수는 분수가 10진법 과정을 거쳐 이미 정수 형태로 변했으므로 두 수의 크기를 비교하거나 덧셈 또는 뺄셈을 계산하는데 아주 편리합니다.

따라서 이제부터는 각종 연산을 할 경우, 그 연산의 특성을 고려해 분수를 소수로 고치든지 또는 소수를 분수로 고쳐서 계산하세요.

2. 분수를 소수로 바꾸기

1) 거듭제곱의 의미

1보다 10배 큰 수는 무엇일까요? 물론 10입니다.

그러면 10보다 10배 큰 수는 무엇일까요? 당연히 100이지요.

이제 방향을 180도 바꾸어 생각해봅시다.

10보다 10배 작은 수는 1이지요? 네, 맞습니다.

그러면 1보다 10배 작은 수는 무엇일까요?

0? 아니면 −10?

그게 아니고 $\frac{1}{10}$이라고요?

먼저 아래 표를 살펴보겠습니다.

10	100	1000
1×10	$1 \times 10 \times 10$	$1 \times 10 \times 10 \times 10$
1×10^1	1×10^2	1×10^3
1은 '곱하나 마나'이므로 생략하면		
10^1	10^2	10^3

그러면 1은 10의 몇 제곱이 되어야 할까요?

1000	100	10	1
$1 \times 10 \times 10 \times 10$	$1 \times 10 \times 10$	1×10	1
10^3	10^2	10^1	?

1000은 1에 10을 3번 곱한 것, 100은 1에 10을 2번 곱한 것, 10은 1에 10을 1번 곱한 것으로 생각한다면, 1은 1에 10을 0번 곱한 것이니 10^0으로 생각하면 되겠지요?

즉 1 다음에 0이 붙는 개수만큼 10의 거듭제곱이 된다고 기억하면 쉽네요.

이제 범위를 좀 더 늘려 생각합시다.

10^3	10^2	10^1	10^0	10^{-1}	10^{-2}	10^{-3}
1000	100	10	1	?	?	?

10^3은 10^2보다 10배 큰 수이고, 10^2은 10^1보다 10배 큰 수이며, 10^1은 10^0보다 10배 큰 수입니다. 이를 식으로 표시하면 $10^3 = 10^2 \times 10$이고, $10^2 = 10^1 \times 10$이며, $10^1 = 10^0 \times 10$입니다.

이 말을 거꾸로 이해하면 10^0은 10^1보다 10배 작은 수이고, 10^1은 10^2보다 10배 작은 수이므로 이를 식으로 표시하면 $10^0 = 10^1 \div 10$이고, $10^1 = 10^2 \div 10$입니다.

결국 '큰 수'는 곱셈(×)을 의미하고, '작은 수'는 나눗셈(÷)을 의미하지요.

그렇다면 10^{-1}은 10^0보다 10배 작은 수로서, 식으로 표시하면 $10^{-1} = 10^0 \div 10$인데요.

이를 쉽게 표시하면 $10^{-1} = 1 \div 10 = \frac{1}{10}$이 됩니다.

결국 따지고 보니 $10^{-1} = \frac{1}{10} = \frac{1}{10^1}$이 되었네요.

그렇다면 $10^{-2} = \frac{1}{100} = \frac{1}{10^2}$, $10^{-3} = \frac{1}{1000} = \frac{1}{10^3}$이 됨을 알 수 있겠

지요?

이제 위의 표를 채워 넣어 봅시다.

10^3	10^2	10^1	10^0	10^{-1}	10^{-2}	10^{-3}
1000	100	10	1	$\frac{1}{10^1}$	$\frac{1}{10^2}$	$\frac{1}{10^3}$

끝으로 한 번만 더 따져 봅시다.

$10^3 = 1000$, $10^2 = 100$, $10^1 = 10$, $10^0 = 1$에서 거듭제곱이 1씩 줄어듦에 따라 0의 개수도 하나씩 줄어듦을 알 수 있습니다.

그렇다면 $10^0 = 1$이므로 10^{-1}은 '1에서 0이 하나 줄어든 수'라는 것을 유추할 수 있습니다. 그런데 더 이상 줄어들 0이 없는 상황에서 도대체 어떻게 이 수를 표현할 수 있을까요?

일단 소수점을 사용해 10^3을 1000.0이라고 생각하면, 10^2은 100.00이 되고, 10^1은 10.000이 되며, 10^0은 1.0000이 될 겁니다.

계속해서 10^{-1}은 .10000이 되어야 하는데, 소수점 앞에 아무런 숫자가 없다보니 조금은 이상해 보입니다. 그래서 소수를 최초로 개발한 스테빈은 '소수점 앞에 0을 붙여 0.10000으로 표현하면 어떨까?'라고 생각했던 겁니다. 그리고 숫자 1 다음의 값이 없는 0은 굳이 사용하지 말자는 합의에 따라 0.1이 된 것이지요.

마찬가지로 10^{-2}은 0.1에서 소수점이 앞으로 하나 더 나간 0.01, 10^{-3}은 0.001이 됩니다.

10^3	10^2	10^1	10^0	10^{-1}	10^{-2}	10^{-3}
1000	100	10	1	$\frac{1}{10^1}$	$\frac{1}{10^2}$	$\frac{1}{10^3}$
				0.1	0.01	0.001

여기서 알 수 있는 사실은 거듭제곱의 수만큼 1앞에 0이 붙는데요. 그래서 10^{-1}은 0이 하나인 0.1, 10^{-2}은 0이 둘인 0.01, 10^{-3}은 0이 셋인 0.001이 됩니다.

2) 분수를 소수로 바꾸기

이 정도의 기초지식을 갖고 이제 분수를 소수로 바꾸는 방법을 공부하겠습니다.

위에서 $\frac{1}{10} = 0.1$, $\frac{1}{100} = 0.01$, $\frac{1}{1000} = 0.001$임을 배웠습니다.

그러면 $\frac{3}{10} = 0.3$이고, $\frac{47}{100} = 0.47$이며, $\frac{777}{1000} = 0.777$임을 알 수 있습니다.

따라서 분수를 소수로 바꾸는 방법은 그 분수의 분모를 10의 거듭제곱 형태로 만든 다음, 분자에서 분모에 달린 0의 개수만큼 소수점을 앞으로 이동시키면 됩니다.

예를 들면, 분수 $\frac{2}{5}$는 먼저 분모를 10의 거듭제곱으로 만들기 위해 양변에 2를 곱합니다.

그러면 $\frac{2 \times 2}{5 \times 2} = \frac{4}{10}$가 되지요. 여기서 분모 10을 없애는 대신 4에서 소수점을 하나 앞으로 이동시키면 0.4가 되는 것이지요.

하나만 더 해볼까요?

분수 $\frac{17}{25}$은 양변에 4를 곱하면 $\frac{68}{100}$이 되고, 이를 소수로 바꾸면 68에서 소수점을 두 번 앞으로 이동시켜 0.68이 됩니다.

그렇다면 $\frac{1}{3}$을 소수로 바꾸면 어떻게 될까요?

먼저 분모를 10의 거듭제곱 형태로 바꾸어야 하는데, 3에 어떤 수를 곱해도 10의 거듭제곱이 되지 않습니다. 따라서 이런 수는 끝이 없는 순환소수가 되지요.

3. 소수의 종류

소수는 '소수점 이하에서 끝이 있는 유한소수'와 '끝이 없는 무한소수'로 나눌 수 있습니다. 그리고 무한소수는 다시 '동일한 수들이 일정한 간격으로 계속해서 되풀이되는 순환소수循環小數'와 그렇지 않은 '순수한 무한소수'로 나뉩니다.

그리고 정수에 유한소수와 순환소수를 합쳐 '유리수'라 하고, 순수한 무한소수는 '무리수'라 한다는 사실도 이미 배웠습니다.

따라서 여기서는 유한소수와 순환소수만 공부하고 순수한 무한소수는 '무리수' 장에서 공부하겠습니다.

1) 유한소수Finite Decimal

유한소수는 0.45, 0.392, 1.876처럼 '소수점 아래의 숫자가 유한 개인 소수'를 말합니다. 즉 '끝이 있는 소수'라는 뜻이지요.

예컨대 0.45를 분수로 바꾸면 $\frac{45}{100}=\frac{9}{20}=\frac{9}{2^2\times 5}$이고, $\frac{1}{40}$을 소수로 바꾸면 $\frac{1}{2^3\times 5}=\frac{1\times 5^2}{2^3\times 5\times 5^2}=\frac{25}{1000}=0.025$가 되듯이, 분모를 소인수분해할 때 2 또는 5의 곱으로만 이루어진 분수는 모두 유한소수가

됩니다. 이는 기약분수의 분모의 소인수가 2나 5뿐이면 분모를 10의 거듭제곱 형태로 만들 수 있기 때문입니다.

2) 순환소수Circulating Decimal

① 정의

순환소수는 '분모를 소인수분해할 때 2나 5가 아닌 다른 소수의 곱으로 된 분수'입니다. 이 분수는 소수로 바꾸면 끝도 없이 계속되는 수이지만 소수점 아래 어느 자리부터 특정한 수가 일정하게 반복되기 때문에 '순환'이란 이름이 붙었습니다.

예를 들어 $\frac{1}{3}=0.3333\cdots$으로서 소수점 아래 자리가 끝도 없이 계속되지만, 첫째 자리부터 3이 반복되므로 순환소수입니다.

$\frac{1}{7}$ 또한 소수로 나타내면 $0.142857142857142857\cdots$로서 소수점 아래 첫째 자리에서부터 142857이 반복됩니다.

이런 반복 부분을 '순환마디'라 부르며, 기호로는 $0.\dot{3}$ 또는 $0.\dot{1}4285\dot{7}$로 표시합니다.

특히 $\frac{1}{7}$은 특이한 분수라고 하여 가끔 언론의 화제가 되기도 하는 수인데요. $\frac{1}{7}$의 순환마디인 142857을 원 위에 나타내보면 다음 페이지와 같이 $\frac{2}{7}$, $\frac{3}{7}$, $\frac{4}{7}$, $\frac{5}{7}$, $\frac{6}{7}$이 모두 $\frac{1}{7}$과 같은 형태의 순환마디를 가지는 재미있는 사실을 알 수 있습니다.

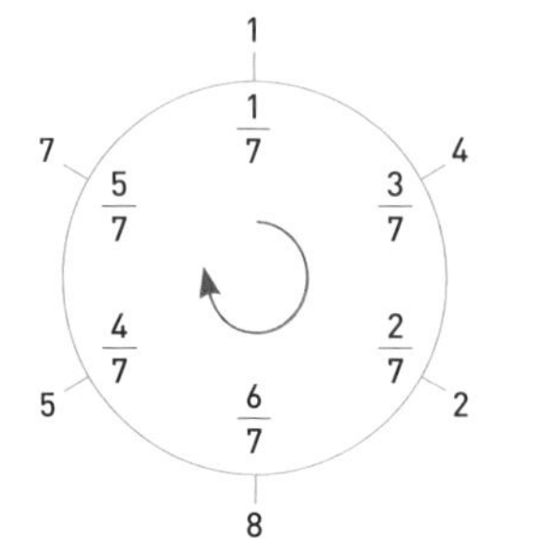

$\frac{1}{7}=0.\dot{1}4285\dot{7}$ $\frac{2}{7}=0.\dot{2}8571\dot{4}$ $\frac{3}{7}=0.\dot{4}2857\dot{1}$

$\frac{4}{7}=0.\dot{5}7142\dot{8}$ $\frac{5}{7}=0.\dot{7}1428\dot{5}$ $\frac{6}{7}=0.\dot{8}5714\dot{2}$

② 순환마디의 포인트

(1) 순환마디는 소수점 아래에서 가장 먼저 반복되는 부분
0.1353535…에서 순환마디를 53으로 착각하면 안 됨
(2) 순환마디는 반드시 소수점 아래에서 찾음
5.2452452… ➡ 5.24 (X)
5.245 (O)
(3) 순환마디 숫자가 3개 이상이면 양 끝에만 점을 찍음
$5.\dot{2}\dot{4}\dot{5}$ (X)
$5.\dot{2}4\dot{5}$ (O)

③ 순환소수를 분수로 표시하는 법

10^n을 곱해 순환마디가 같은 두 식을 만든 다음, 그 차를 이용해 순환소수의 순환 부분을 없애는 원리를 사용함으로써 순환소수를 분수로 바꿀 수 있습니다.

ⓐ 방법

(1) 순환소수를 x로 놓는다.

(2) 양변에 필요한 10^n을 곱해 소수 부분이 같은 두 식을 만든다.
(이유 : 소수점 이하 부분을 몽땅 없애기 위해)

(3) (2)의 두 식을 변끼리 빼서 소수점 이하 부분을 없애고 정수 부분만 만들어 x값을 구한다.

[포인트]
첫 순환마디의 뒤로 소수점을 옮긴 x값에서
첫 순환마디의 앞으로 소수점을 옮긴 x값을 빼면 된다.

ⓑ 사례

예 1 $0.\dot{7}$

(1) $0.\dot{7}$을 x로 두면 $x = 0.777\cdots$

(2) $10x = 7.777\cdots$

(3)
$$\begin{array}{rrl} & 10x = & 7.777\cdots \\ -) & x = & 0.777\cdots \\ \hline & (10-1)x = & 7 \\ & 9x = & 7 \\ & x = & \dfrac{7}{9} \end{array}$$

예 2 $0.\dot{7}\dot{5}$

(1) $0.\dot{7}\dot{5}$를 x로 두면 $x = 0.7575\cdots$

(2) $100x = 75.7575\cdots$

(3)
$$\begin{array}{rrl} & 100x = & 75.7575\cdots \\ -) & x = & 0.7575\cdots \\ \hline & (100-1)x = & 75 \\ & 99x = & 75 \\ & x = & \dfrac{75}{99} \end{array}$$

예 3 $0.\dot{7}5\dot{3}$

(1) $0.\dot{7}5\dot{3}$을 x로 두면
$x = 0.753753\cdots$

(2) $1000x = 753.753753\cdots$

(3)
$$\begin{array}{rrl} & 1000x = & 753.753753\cdots \\ -) & x = & 0.753753\cdots \\ \hline & (1000-1)x = & 753 \\ & 999x = & 753 \\ & x = & \dfrac{753}{999} \end{array}$$

예 4 $0.7\dot{5}\dot{3}$

(1) $0.7\dot{5}\dot{3}$을 x로 두면
$x = 0.75353\cdots$

(2) $1000x = 753.5353\cdots$
$10x = 7.5353\cdots$

(3)
$$\begin{array}{rrl} & 1000x = & 753.5353\cdots \\ -) & 10x = & 7.5353\cdots \\ \hline & (1000-10)x = & 753-7 \\ & 990x = & 746 \\ & x = & \dfrac{746}{990} \end{array}$$

예 5 $1.\dot{7}$

(1) $1.\dot{7}$을 x로 두면 $x = 1.777\cdots$

(2) $10x = 17.777\cdots$

(3)
$$\begin{array}{rl} & 10x = 17.777\cdots \\ -) & x = 1.777\cdots \\ \hline & (10-1)x = 17-1 \\ & 9x = 16 \\ & x = \dfrac{16}{9} \end{array}$$

예 6 $1.7\dot{5}\dot{3}$

(1) $1.7\dot{5}\dot{3}$을 x로 두면

$x = 1.75353\cdots$

(2) $1000x = 1753.5353\cdots$

$10x = 17.5353\cdots$

(3)
$$\begin{array}{rl} & 1000x = 1753.5353\cdots \\ -) & 10x = 17.5353\cdots \\ \hline & (1000-10)x = 1753-17 \\ & 990x = 1736 \\ & x = \dfrac{1736}{990} \end{array}$$

ⓒ 공식

[공식] 1

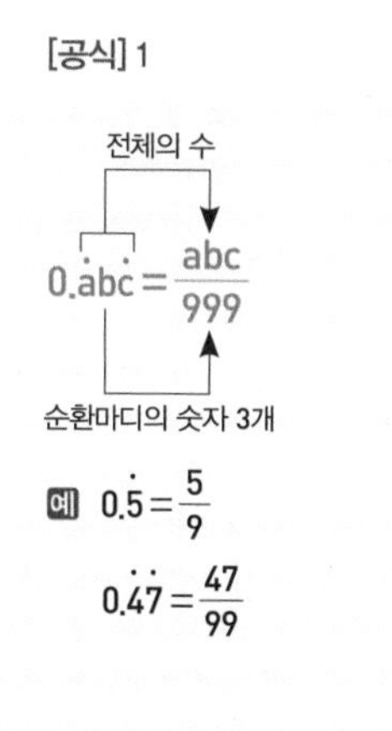

$0.\dot{a}b\dot{c} = \dfrac{abc}{999}$

예 $0.\dot{5} = \dfrac{5}{9}$

$0.\dot{4}\dot{7} = \dfrac{47}{99}$

[공식] 2

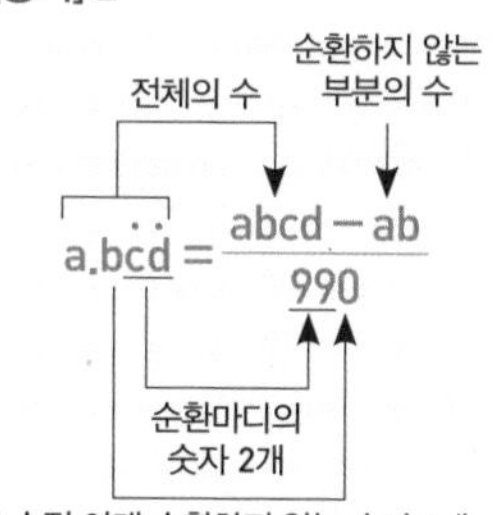

$a.b\dot{c}\dot{d} = \dfrac{abcd - ab}{990}$

예 $1.4\dot{7} = \dfrac{147-14}{90}$

$2.5\dot{1}\dot{9} = \dfrac{2519-25}{990}$

④ 순환소수와 정수의 관계

다음 물음에 대한 여러분의 생각은 어떠세요?

$0.\dot{9} = 1$이 성립할까요?

0.9나 0.99가 1보다 작듯이 $0.\dot{9}$도 1보다 작게 느껴집니다. 그러나 순환소수인 $0.\dot{9}$를 0.9나 0.99와 같은 유한소수로 생각해서는 안 됩니다.

소수점 아래에 일정한 수가 계속 되풀이된다는 사실을 이용하여 순환소수를 분수로 나타낼 수 있는 것처럼 $0.\dot{9}=1$임을 설명할 수 있습니다.

순환소수 $0.\dot{9}$를 x로 두면 $x=0.999\cdots$ ——— ①

①의 양변에 10을 곱하면 $10x=9.999\cdots$ ——— ②

②에서 ①을 변끼리 빼면 $9x=9$

$\therefore x=1$ 즉 $0.\dot{9}=1$

'$0.999\cdots9<1$' ➡ 소수점 아래의 9가 유한 개 있으면 1보다 작다.
'$0.999\cdots=1$' ➡ 소수점 아래의 9가 무한히 많으면 1과 같다.

4. 사칙연산

우리는 이미 '분수' 장에서 정수와 분수를 포함하는 유리수에서는 덧셈과 뺄셈, 곱셈과 나눗셈 등 사칙연산에 대해 닫혀 있음을 배웠습니다. 따라서 소수도 분수와 똑같으니 당연히 사칙연산이 모두 가능하겠지요.

그러면 소수의 사칙연산은 어떻게 할까요?

1) 덧셈과 뺄셈

덧셈과 뺄셈의 포인트는 계산하려는 수들의 소수점을 일치시킨 다음, 정수처럼 덧셈이나 뺄셈을 하면 됩니다.

덧셈	뺄셈
예 1 13.2+2.35 $\begin{array}{r} 13.2 \\ +\ \ 2.35 \\ \hline 15.55 \end{array}$	예 1 13.2−2.35 $\begin{array}{r} 13.2 \\ -\ \ 2.35 \\ \hline 10.85 \end{array}$
예 2 0.04+1.2 $\begin{array}{r} 0.04 \\ +1.2 \\ \hline 1.24 \end{array}$	예 2 0.4−1.2 $\begin{array}{r} 0.4 \\ -1.2 \\ \hline -0.8 \end{array}$

2) 곱셈

곱셈의 포인트는 계산하려는 수들에서 소수점이 없다고 생각하고 정수처럼 곱셈한 다음, 소수점 이하에 있는 수의 개수만큼 소수점 자리를 앞으로 이동하면 됩니다.

예 1 1.2 × 1.5

$$\begin{array}{r} 12 \\ \times\ 15 \\ \hline 180 \end{array} \Rightarrow 1.8$$

곱하려는 두 수의 소수점 이하 수의 개수는 2개이므로 180에서 소수점을 2자리 앞으로 이동시킨 1.80, 즉 1.8이 구하는 답

예 2 0.27 × 2.2

$$\begin{array}{r} 27 \\ \times\ 22 \\ \hline 594 \end{array} \Rightarrow 0.594$$

곱하려는 두 수의 소수점 이하 수의 개수는 3개이므로 594에서 소수점을 3자리 앞으로 이동시킨 0.594가 구하는 답

3) 나눗셈

소수의 사칙연산 중 가장 어려운 연산이 나눗셈입니다.

소수의 나눗셈은 젯수와 피젯수에 같은 크기의 10의 거듭제곱을 곱하여 두 수를 모두 정수로 바꾼 다음, 자연수에서 배운 나눗셈 원리를 적용해 답을 구하는 것이 그나마 가장 쉬운 방법입니다.

예 1 $2.6 \div 0.13$

젯수와 피젯수에 모두 10^2을 곱하여 $260 \div 13$으로 계산한다.

```
      20
13 ) 260
     26
    ----
       0
```

예 2 $0.055 \div 0.5$

젯수와 피젯수에 모두 10^3을 곱하여 $55 \div 500$으로 계산한다.

```
       0.11
500 ) 55
       0
     -----
      550
      500
     -----
       500
       500
     -----
         0
```

5. 소수와 할·푼·리 및 백분율/천분율의 상관 관계

1) 용어 정리

프로야구가 활성화된 우리나라에서 선수의 타격 성적을 말할 때 항상 따라다니는 용어가 '할 · 푼 · 리'인데요. 한 선수의 타격 성적이 3할 2푼이라면 '100번의 타격 중 32번의 비율로 안타를 쳤다'는 뜻이고, 3할이라면 '10번의 타격 중 3번의 비율로 안타를 쳤다'거나 '100번의 타격 중 30번의 비율로 안타를 쳤다'는 의미입니다.

이 용어는 한자어로서 할割은 $\frac{1}{10}$, 푼分은 $\frac{1}{100}$, 리厘는 $\frac{1}{1000}$을 뜻합

니다.

한편 '백분율'은 $\frac{1}{100}$에 해당하는 '퍼센트(%)'의 한자어로서 '100조각으로 등분한 것의 비율比率', 즉 푼分과 같은 표현입니다.

참고로 '퍼센트Percent'는 이탈리아어 'Per cento'에서 유래했습니다. 'cento'는 '100'을 뜻하는 단어로 미국 화폐 단위인 1달러 = 100센트를 연상하면 됩니다. 그리고 'Per'는 '～에 대하여' 또는 '～을 기준으로'라는 뜻입니다. 따라서 'Per cento'를 풀이하면 '100에 대하여' 또는 '100을 기준으로'의 의미가 되겠지요.

퍼센트 기호(%) 역시 'Per cento'에서 유래했습니다. 15세기 이탈리아에서는 'Per cento'를 간단히 'per 100'이나 'p 100' 또는 'p cento' 등으로 표기하다가 다음의 변화 과정을 거쳐 1836년 독일에서 대각선을 사용한 표기법이 등장했고, 오늘날 사용되는 기호로 정착됐습니다.

P<ō → $\frac{o}{o}$ → %

그렇다면 천분율天分率은 $\frac{1}{1000}$에 해당하는 '퍼밀(‰)'의 한자어로서 '1000조각으로 등분한 것의 비율', 즉 리厘와 같은 뜻이 되겠지요. 기호 역시 퍼센트(%)보다 0이 하나 더 많습니다.

2) 상관 관계표

소수	0.345	0	.	3	4		5	
할푼리	3할 4푼 5리			할		푼		리
백분율(Per Cent)	34.5%				.	%		
천분율(Per Mil)	345‰						.	‰

제5장

무리수

1. 무리수의 정의

앞에서 배운 '무리수'의 정의는 두 정수 a와 b의 비比인 $\frac{a}{b}(b \neq 0)$ 꼴로 나타낼 수 없는 수, 즉 '순환하지 않는 무한소수'입니다.

$0.5 = \frac{1}{2}$, $0.75 = \frac{3}{4}$, $2.33 = \frac{233}{100}$ 등으로 나타낼 수 있고, 게다가 $0.10564598 = \frac{10564598}{100000000}$로, $0.00000000000001 = \frac{1}{100000000000000}$로 표시할 수 있습니다.

심지어 순환소수인 $0.\dot{3} = \frac{1}{3}$, $0.1\dot{6} = \frac{1}{6}$로 나타내며, $0.\dot{1}4285\dot{7}$조차 $\frac{1}{7}$로 나타낼 수 있습니다. 한 가지만 더 들어볼까요? 순환소수 $0.\dot{0}58823529411764\dot{7} = \frac{1}{17}$입니다.

이렇듯 끝이 있는 소수나 끝이 없더라도 순환되는 소수는 모두 분수로 표시할 수 있습니다. 특히 순환소수는 끝은 없지만 특정한 수 다음에 어떤 수가 오는지 정확히 알 수 있습니다.

$0.\dot{1}4285\dot{7}$은 5 다음에 7이 오고, 4 다음에는 2가 온다는 식으로 말이지요.

하지만 순환하지 않는 무한소수는 특정한 수 다음에 어떤 수가 오는지 직접 계산해보지 않고서는 전혀 짐작도 할 수 없습니다. 이렇듯 우리가 그 정확한 값을 모르는 수들을 가리켜 '무리수Irrational Number' 라고 합니다.

2. 무리수의 유래

1) 무리수의 발견

인간이 무리수의 존재를 알게 된 시기는 음수나 소수보다 역사가 훨씬 깊습니다. 음수나 소수는 일상생활에 필요해서 만든 수이지만, 무리수는 고대인들의 수학적인 사고 과정에서 불현듯 등장한 수이니까요.

따라서 여러분이 무리수를 쉽게 이해할 수 있도록 무리수를 발견하게 된 역사적 사건을 간략히 소개하겠습니다.

무리수의 존재를 최초로 발견한 사람은 피타고라스입니다. 그는 '만물의 근원은 정수'라는 슬로건을 내걸고 자기 이름을 딴 학파를 만들어 기하학을 가르쳤는데요. 그는 '모든 기하학적인 대상은 정수와 정수의 비比로 나타낼 수 있다'고 굳게 믿었습니다.

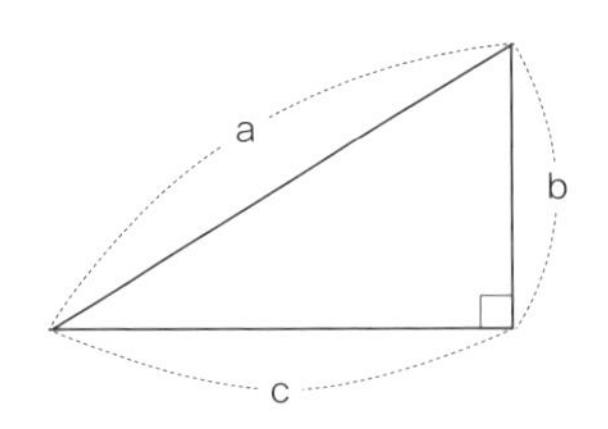

그러다가 그는 '직각삼각형의 직각을 포함하는 두 변 위의 정사각형의 넓이의 합은 빗변 위의 정사각형의 넓이와 같다'는 유명한 '피타고라스 정리'를 발견하는데요. 이 정리를 수식으로 표현한 것이 바로 '$a^2 = b^2 + c^2$'입니다.

대표적으로 $3^2 + 4^2 = 5^2$이어서 (3, 4, 5)를 가리켜 '피타고라스의 세 수'라고 하는데요. 피타고라스가 살던 당시에는 이 (3, 4, 5) 외에도 (5, 12, 13), (7, 24, 25), (8, 15, 17), (12, 35, 37) 등 피타고라스의 세 수가 5개나 알려져 있었답니다.

그런데 문제는 피타고라스의 세 수를 찾는 과정에서 세 수의 비比가 정수의 비로 나타나지 않는 경우가 발생한 겁니다. 이 사례를 발견하고 문제를 제기한 사람은 피타고라스의 제자인 히파수스였습니다.

그는 '피타고라스 정리'를 두 변의 길이가 1인 직각삼각형에 적용했는데요. 결과는 $1^2 + 1^2 = 2$이므로 직각삼각형의 빗변의 길이는 '제곱해서 2가 되는 수'임을 알게 되었습니다. 그리하여 '제곱해서 2가 되는 수'를 찾던 그는 우리가 제1부의 '$b^2 = 2$가 되는 수 b'를 찾던 그 방법을 이용해 '완전한 정수비로 표현할 수 없는 수'임을 밝혀냈던 것입니다.

문제는 그가 찾아낸 수가 피타고라스 학파가 여태껏 주장하던 세계관과 학문적 토대를 깡그리 부정하는 무시무시한 내용이었다는 것입니다.

그래서 그가 이 사실을 알리자, 그동안 공들여 쌓은 탑이 일순간에 무너져 버릴 것이라는 불안감에 사로잡힌 동료들이 기득권을 지키려고 필사적으로 저항합니다. 그 중에 누구도 한 변의 길이가 1인 정사각형의 대각선 길이를 나타내는 분수를 찾지 못했지만, 그 비가 어딘가 분명히 존재할 거라는 맹목적인 믿음에 빠져 정수가 아닌 다른 수의 존재를 인정하려 하지 않았습니다.

그러다가 결국 혼란에 빠진 그들은 대각선 길이를 근사치로 표시하면서 "히파수스가 찾아낸 수는 진정한 수가 아니다"고 우겼습니다.

피타고라스 역시 "이것은 신神이 실수로 만드신 것이다. 신의 실수는 비밀로 해두어야 한다"면서 이 수를 수에서 제외시키는 한편, 제자들에게 외부에 절대 발설하지 못하도록 '알로곤Alogon'을 명했습니다.

그러나 히파수스는 학파 내에서만 공유하기로 했던 수학적 지식을 대중에게 알리지 않고 숨기는 것은 죄라 여겨 임의로 공표했습니다. 이 일로 인해 이단으로 몰린 그는 학파 규율을 어겼다는 핑계로 동료들에게 끌려가 바다에서 난파를 가장한 수장을 당했다는 이야기가 전해옵니다.

2) 무리수의 수학적 의미

피타고라스 학파는 이 사건을 왜 동료를 죽이는 극단적 행동으로 마무리했던 걸까요? 그들에게 있어 무리수의 등장은 수학의 근본을 뒤흔드는 행위였기 때문입니다.

피타고라스는 자연현상에서 '수의 비례'라는 내재적 규칙을 발견하고는 우주의 조화로운 운행을 가능케 하는 것이 '수'라고 생각했습니다. 그래서 그는 우주가 하나이듯 수학도 하나여야 한다고 주장했으며, 이를 '조화'라고 불렀는데요. 그에게 있어 조화는 '우주의 수학적 질서'의 다른 이름이었습니다.

그는 더 나아가 '세계가 수로 이루어져 있듯 사물 역시 수로 표현되는 정확한 길이가 존재한다'고 여겼습니다. 즉 이 세상의 모든 사물은 어떤 단위로 재더라도 유리수의 범위에서 표현된다는 생각이었지요. 그에게 있어 유리수는 '수의 최종적 형태'였습니다. 당연히 이 결론은 '모든 것을 잴 수 있다'는 그의 맹목적 믿음에서 나온 것이었고요. 따라서 피타고라스에게 유리수란 말은 존재할 필요도 없이 그냥 '수'였습니다.

그런데 놀랍게도 '피타고라스 정리'에서 유리수를 넘어서는, 즉 분수로 표현 불가능한, 당시 표현대로 하면 '수 아닌 수'가 등장했던 겁니다. 당시의 수는 모두 분수로 표현됐지만, 히파수스가 찾아낸 수는 분수로 표현될 수 없었고 따라서 잴 수도 없었습니다. 그러나 그 길이는 분명히 존재했습니다. 당시 사람들은 이 모순 상황에 대해 고민합니다. 수의 본질은 '측정 가능'인데, 측정이 불가능한 길이가 있다는 것은 결국 '길이'와 '수'는 근본적으로 다른 존재라는 의미가 아닐까?

이리하여 그리스인들은 다음 결론을 내립니다. '길이 개념은 수 개념과 별개이다. 즉 길이와 수는 서로 다른 것이다.'

하나라고 여긴 '수'와 '길이'가 마침내 둘로 갈라졌습니다. 분수로 표현될 수 없는 길이가 존재한다는 사실은 피타고라스에게 있어 '기하학(길이)과 대수학(수) 사이의 조화의 붕괴'를 의미했습니다. '수학이 하나'라고 믿었던 그가 이 사실을 인정한다는 것은 '우주 조화의 붕괴'를 자인하는 것이었기에 큰 충격이었지요. 이런 역사적 배경 때문에 무리수의 존재는 수학사의 한 획을 긋는 사건으로 평가받고 있습니다.

3. 무리수를 표시하는 기호 루트($\sqrt{\ }$)

히파수스가 궁금해했던 '$b^2 = 2$가 되는 수 b'는 수백 년 동안 많은 수학자들이 노력한 끝에 소수점 이하 65자리인 1.41421356237309504880168872420969807856967187537694807317667973799까지 찾

아낸 무리수인데요. 하지만 이 값 역시 정확한 값은 아닙니다.

그렇다면 어떤 표기법이 '$b^2 = 2$가 되는 수 b'를 가장 정확하게 표기하는 방법일까요?

수학자들은 '제곱하면 그 수가 되는 수'라는 의미로 '루트'라는 이름의 기호($\sqrt{\ }$)를 만들었습니다. $b^2 = 2$, 그러므로 $b = \sqrt{2}$(루트 2)라고 부르는 것이 가장 정확한 표현인 것이지요.

무리수에 본격적으로 들어가기에 앞서 무리수 표시 기호인 $\sqrt{\ }$에 대해 간략히 알아봅시다.

$x^2 = a$가 될 때, 수학자들은 a를 'x의 제곱수', 거꾸로 x를 'a의 제곱근'이라 부릅니다. 예를 들어 $2^2 = 4$이기 때문에 '4는 2의 제곱수'가 되고, '2는 4의 제곱근'이 됩니다.

그런데 제곱근을 표시할 기호의 필요성이 대두되자, 1525년 독일 수학자 루돌프Christoff Rudolff는 『코스Die Coss』에서 '뿌리[근根]'를 뜻하는 'radix'의 첫 글자 r을 따서 기호 '√'를 고안했답니다. 그 후 프랑스 수학자 데카르트가 '√'에 가로줄을 그어 오늘날 사용되는 '$\sqrt{\ }$'를 완성한 것이지요. 수학자들은 $\sqrt{\ }$를 '제곱근을 나타내는 기호'라는 뜻에서 '근호根號'라 부르거나 간단히 '루트Root'라 부릅니다.

4. 무리수의 종류

1) 일반적인 형태의 무리수

정사각형의 면적을 '2'라 하고 그 한 변의 길이를 'x'라 할 때, x의 길이는 얼마일까요?

이를 식으로 나타내면 $x \times x = 2$, 즉 $x^2 = 2$가 됩니다.

한편, $1^2 = 1$ ➡ 면적이 1인 정사각형의 한 변의 길이는 1

$2^2 = 4$ ➡ 면적이 4인 정사각형의 한 변의 길이는 2

$3^2 = 9$ ➡ 면적이 9인 정사각형의 한 변의 길이는 3

$4^2 = 16$ ➡ 면적이 16인 정사각형의 한 변의 길이는 4

$5^2 = 25$ ➡ 면적이 25인 정사각형의 한 변의 길이는 5

여기서 1, 4, 9, 16, 25 등의 정수는 똑같은 정수를 두 번 곱해서 만들어진 수라 하여 '완전제곱수'라고 부르는데요. 이 완전제곱수들이 면적에 해당하는 경우에 한 변의 길이는 모두 정수가 됩니다.

하지만 완전제곱수 이외의 수들을 살펴보면

$1^2 = 1$ ➡ 면적이 1인 정사각형의 한 변의 길이는 1

$x^2 = 2$ ➡ 면적이 2인 정사각형의 한 변의 길이 x는 $1 < x < 2$

$y^2 = 3$ ➡ 면적이 3인 정사각형의 한 변의 길이 y는 $1 < y < 2$

$2^2 = 4$ ➡ 면적이 4인 정사각형의 한 변의 길이는 2

x는 1과 2 사이에 있는 어떤 수이고, y 또한 1과 2 사이에 있는 어떤 수이지만 x보다는 더 큰 수임을 알 수 있습니다.

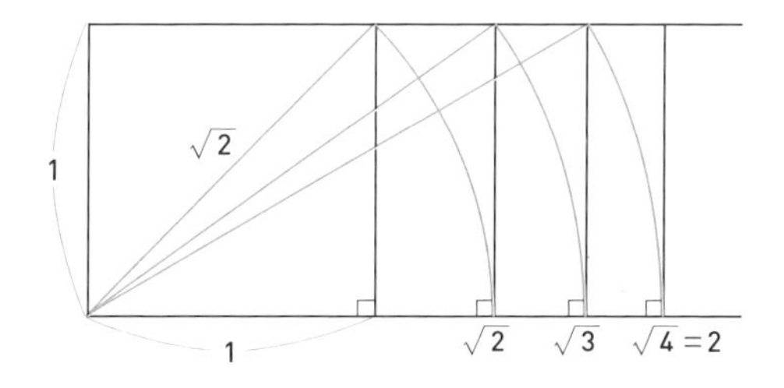

마찬가지로

$2^2 = 4$ ➡ 면적이 4인 정사각형의 한 변의 길이는 2

$a^2 = 5$ ➡ 면적이 5인 정사각형의 한 변의 길이 a는 $2 < a < 3$

$b^2 = 6$ ➡ 면적이 6인 정사각형의 한 변의 길이 b는 $2 < b < 3$

$c^2 = 7$ ➡ 면적이 7인 정사각형의 한 변의 길이 c는 $2 < c < 3$

$d^2 = 8$ ➡ 면적이 8인 정사각형의 한 변의 길이 d는 $2 < d < 3$

$3^2 = 9$ ➡ 면적이 9인 정사각형의 한 변의 길이는 3

a는 2와 3 사이에 있는 어떤 수이고, b 또한 2와 3 사이에 있는 어떤 수이면서 a보다는 더 큰 수입니다. 마찬가지로 c는 2와 3 사이에 있는 어떤 수이면서 b보다 더 큰 수이고, d 역시 c보다 더 크지만 3보다는 작은 수임을 알 수 있습니다.

여기서 수학자들이 면적이 2가 되는 x, 즉 제곱하여 2가 되는 x의 값을 구했더니 소수점 이하 65자리까지 계산해도 정확히 떨어지지 않았고, 같은 숫자가 되풀이되는 순환소수도 아니었습니다. 그리고 면적이 3이 되는 y나 5가 되는 a, 6이 되는 b, 7이 되는 c, 8이 되는 d 역시 마찬가지였습니다.

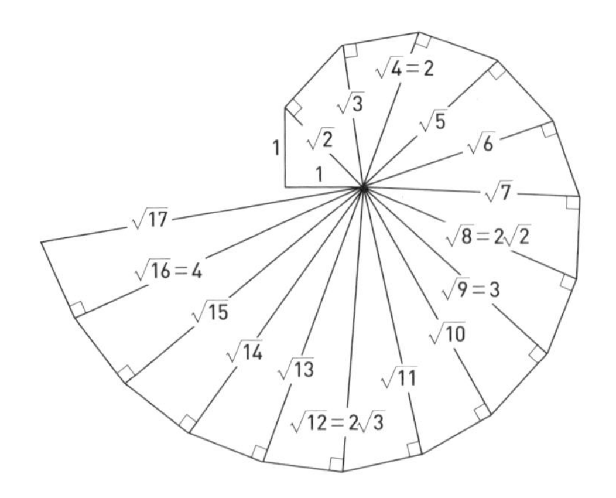

그렇다면 $\sqrt{10}$부터 $\sqrt{15}$까지는 3보다 조금씩 더 커지는 수이지만 일률적으로 똑같이 커지는 것이 아니라 $\sqrt{15}$쪽으로 갈수록 그 폭이 조금씩 작아지는 수들임을 알 수 있을 겁니다. 즉 $\sqrt{10}$은 3.16… 정도, $\sqrt{11}$는 3.32… 정도, $\sqrt{12}$는 3.46… 정도, $\sqrt{13}$은 3.60… 정도, $\sqrt{14}$는 3.74… 정도, $\sqrt{15}$는 3.87… 정도로 보면 될 겁니다.

그런데 꼭 알아둘 내용이 하나 있는데요. 어떤 수든 그 수를 제곱하면 그 값은 반드시 양수가 된다는 사실입니다. 예를 들어 $2^2=4$이지만, $(-2)^2=4$이기도 하답니다. 따라서 $1^2=1$이므로 $(-1)^2=1$인 것도 당연하지요.

그렇다면 $(\sqrt{2})^2=2$이므로 $(-\sqrt{2})^2=2$인 것도 충분히 알 수 있을 겁니다. 이때 $\sqrt{2}$를 '양의 제곱근', $-\sqrt{2}$를 '음의 제곱근'이라 합니다.

2) '$\sqrt{2}$는 무리수'의 증명

그리스의 철학자 플라톤의 제자였던 아리스토텔레스는 귀류법을 이용하여 '$\sqrt{2}$가 무리수'임을 증명했는데요. 그가 증명한 내용은 다음과 같이 아주 간단하고 명쾌합니다.

'$\sqrt{2}$를 분수로 나타낼 수 있다'고 가정합니다.
$\sqrt{2}=\frac{a}{b}$ (정수 a와 b는 서로소)
$\sqrt{2}\times b=a$
양변을 제곱하면 $2\times b^2=a^2$
a^2이 짝수이므로 a도 짝수입니다.
$a=2c$로 바꾸어 대입하면 $2b^2=(2c)^2=4c^2$
$\therefore\ 2b^2=4c^2$
이를 약분하면 $b^2=2c^2$
역시 b^2이 짝수이므로 b도 짝수입니다.

∴ a와 b는 모두 짝수로서 2를 약수로 가지는데, 이는 '정수 a와 b가 서로소'라는 조건에 어긋납니다.
따라서 '$\sqrt{2}$는 분수로 나타낼 수 없는 무리수'입니다.

이 증명법을 이용하면 $\sqrt{3}$이나 $\sqrt{5}$ 등 모든 무리수를 증명할 수 있습니다.

이런 식으로 수에 대한 일반화가 가능하다는 것이 '수학이 가진 보이지 않는 무서운 힘'이라 하겠습니다.

3) 특수한 형태의 무리수

① 원주율 π

원은 '중심의 한 점에서 거리가 일정한 점이 그리는 도형'을 말합니다. 그리고 그 중심에서의 거리를 '반지름', 중심을 지나는 원주에서 원주까지의 거리, 즉 반지름의 2배의 거리를 '지름'이라 하고, 원의 주위를 '원 둘레', 즉 '원주圓周'라고 합니다.

따라서 '원주율'이란 '원의 둘레의 비율'을 의미하는데요. 더 정확히 표현하면 '원의 지름에 대한 원의 둘레의 비율'입니다. 즉 원 둘레의 길이를 지름으로 나눈 값이지요. 이 값은 원의 크기에 관계없이 항상 일정합니다.

$$\text{원주율} = \frac{\text{원의 둘레}}{\text{원의 지름}}$$

그러면 원주율은 왜 무리수일 수밖에 없을까요?

원주율 π의 값이 3.14임을 최초로 밝혀낸 사람은 고대 그리스 최고의 수학자이자 물리학자인 아르키메데스임은 알고 있지요. 그렇다면 그가 어떤 방법으로 π 값을 알아냈는지도 알고 있나요?

그는 당시로서는 획기적인 방법을 고안했는데요. 원의 안쪽과 바깥쪽에 접하는 두 정다각형을 이용해 과학적으로 계산했던 것입니다. 원 둘레는 원에 내접하는 정다각형 둘레보다 크고, 원에 외접하는 정다각형 둘레보다는 작으니 당연히 그 사이의 값이 되지 않겠습니까?

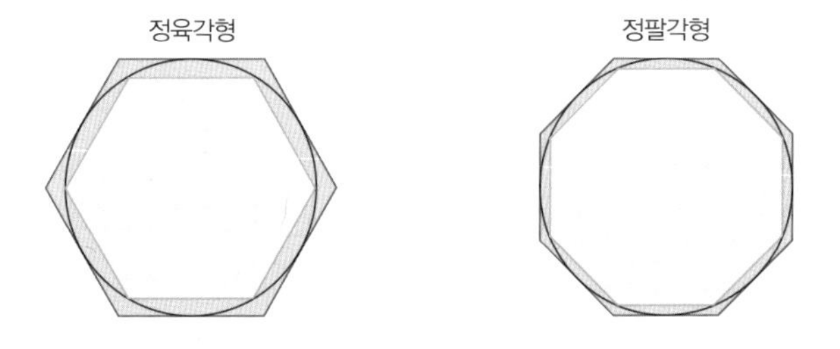

그래서 그는 정6각형에서 시작해 정12각형, 정24각형 등으로 각수를 배가시키는 방법을 통해 정96각형에서 $3\frac{10}{71}(=3.1408\cdots) < \pi < 3\frac{1}{7}$ $(=3.1428\cdots)$을 구해 겨우 3.14란 값을 얻었습니다.

여기서 아르키메데스의 방법을 다시 한 번 살펴볼까요? 그가 했던 방식대로 정192각형, 정384각형, 정768각형 등으로 각수를 계속 높여간다고 해서 직선과 곡선의 길이가 똑같아질 수 있을까요? 원주율에 점점 가까워지기는 하지만 절대로 같아질 수는 없습니다. 따라서 원주율 π는 무리수일 수밖에 없습니다.

우리가 철사로 지름이 10cm인 둥근 원을 만든 다음, 그 양끝을 잡아 늘이면 그게 원 둘레가 되는데요. 이렇듯 원 둘레를 나타내는 '길이'는 분명히 존재하는데, 우리는 그 길이의 '정확한 값'은 알 수 없으니 이해가 되는 듯하면서도 안 되는 학문이 수학입니다.

그런데 더 아이러니한 것은 'π가 무리수'라는 사실이 1761년에야 독일 수학자 람베르트Johann Heinrich Lambert에 의해 밝혀졌다는 겁니다. 논리적으로 생각하면 충분히 무리수임을 알 수 있는 내용이 사실로 밝혀지는데 천 년 이상이 걸린 이유는 수학적으로 증명을 해야 했기 때문이라는데요. 이를 보면 '수학적 증명'이 얼마나 멀고도 힘든 작업인지 짐작하고도 남음이 있네요.

② 유리수와 무리수의 크기

우리는 제1부에서 '유리수와 무리수의 크기'를 비교하면서 데데킨트의 "무리수와 실수는 자연수나 유리수보다도 농도가 크다"는 말을 답으로 제시했는데요. 여기서 '농도가 크다'는 말은 '그 수가 많다'는 뜻입니다.

그런데 여러분은 뭔가 엉터리같다는 느낌이 들지 않습니까? $\sqrt{1}=1$로서 정수이고, $\sqrt{2}$나 $\sqrt{3}$은 무리수이지만, 다시 $\sqrt{4}=2$로서 정수이며, $\sqrt{5}$와 $\sqrt{6}$, $\sqrt{7}$과 $\sqrt{8}$은 무리수이지만, $\sqrt{9}=3$으로 다시 정수입니다. 따라서 최소한 $\sqrt{1}$, $\sqrt{4}$, $\sqrt{9}$, $\sqrt{16}$, $\sqrt{25}$ … 등의 완전제곱수는 정수이므로 무리수의 개수는 정수의 개수보다도 적어 보입니다.

하지만 $\sqrt{1.1}$이나 $\sqrt{\frac{1}{2}}$처럼 '$\sqrt{\quad}$' 속에는 모든 분수와 소수가 들어갈 수 있으므로 정수의 개수보다 더 많은 것은 당연합니다.

그래도 무리수의 개수가 어떻게 유리수의 개수보다 많을 수 있을까요?

지금부터 설명합니다.

$\sqrt{2}$는 1.414…인 무리수라는 사실은 분명해졌지요.

그러면 $1+\sqrt{2}$는 유리수일까요, 무리수일까요? $\sqrt{2}$는 1.414…이므로 1을 더한 $1+\sqrt{2}$는 2.414…이므로 무리수입니다. $2+\sqrt{2}$ 역시 3.414…인 무리수이고, $3+\sqrt{2}$, $4+\sqrt{2}$ … 모두 무리수입니다.

심지어 $0.5+\sqrt{2}$도 무리수이고, $\frac{3}{2}+\sqrt{2}$ 역시 무리수입니다.

그 다음에는 $\sqrt{3}$ 입니다. $1+\sqrt{3}$도 무리수, $2+\sqrt{3}$, $3+\sqrt{3}$, $0.5+\sqrt{3}$ … 모두가 무리수입니다.

다시 $\sqrt{5}$로 넘어가서 $1+\sqrt{5}$도 무리수, $2+\sqrt{5}$도 무리수입니다.

이제는'$\sqrt{\ }$' 속에 소수가 들어간 $1+\sqrt{1.1}$ 도 무리수이고, $2+\sqrt{1.1}$도 무리수이며, $1.1+\sqrt{1.1}$도 무리수입니다.

이런 식으로 한다면 '$\square+\sqrt{\diamond}$'에서 □ 부분에 모든 유리수가 올 수 있고, 역시 ◇ 부분에도 모든 유리수가 올 수 있으므로 무리수의 개수는 (유리수의 개수)$^{\text{유리수의 개수}}$가 될 겁니다. 그런데 유리수의 개수는 무한대이므로 결국 무리수의 개수는 ∞^{∞}가 되겠지요. 따라서 유리수의 개수인 ∞를 무한 번(∞) 곱하면 무리수의 개수가 된다는 논리이므로, 당연히 유리수의 개수는 무리수의 개수에 비할 바가 못됩니다.

하지만 무리수에는 유리수를 사용한 형태, 즉 $\sqrt{2}$나 $\sqrt{3}$, $\sqrt{1.1}$ 또는 $1+\sqrt{2}$, $0.1+\sqrt{0.1}$ 등만 있는 것이 아닙니다. 앞에서 배운 원주율 π 외에도 황금비를 비롯하여 특수한 형태의 무리수들이 많이 있는데요. 현재까지 발견된 이런 형태의 무리수는 리우빌 수Liouville Number, 오일러의 수 'e', 채퍼노운 수Chapernowne Number, 힐베르트 수

Hilbert Number, 그리고 '$i^i(=0.207879576\cdots)$' 등 그 수가 얼마 되지 않습니다. 따라서 여러분들이 수학에 관심을 갖기만 하면 언제든지 여러분의 이름을 딴 무리수를 찾아내고, 그리하여 세계적인 수학책에 여러분의 이름을 영원히 남길 수도 있답니다.

5. 수직선에 표시하기

무리수는 길이는 존재하지만, 그 값은 정확히 알 수 없는 수임을 배웠습니다. 따라서 유리수와 마찬가지로 모든 무리수도 수직선상에 그 위치를 표시할 수 있습니다.

지금부터 무리수를 수직선상에 표시하는 방법을 공부하겠습니다.

아래 그림의 □OPQR은 넓이가 2인 정사각형입니다. 그러면 한 변의 길이는 얼마일까요?

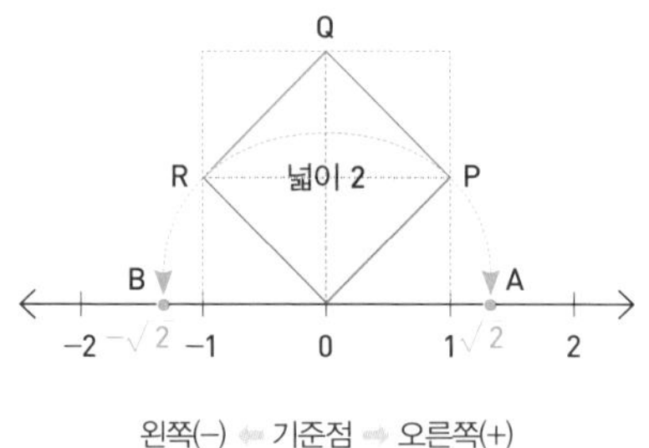

한 변의 길이를 a로 두면 $a^2=2$이므로 $a=\sqrt{2}$가 됩니다. 그리고 이 $\sqrt{2}$는 한 변이 1인 정사각형의 대각선 길이이기도 하고요. 피타고라스의 정리에 의하면 $1^2+1^2=a^2$이므로 $a^2=2$이고, 따라서 $a=\sqrt{2}$가 되기 때문이지요.

이에 따라 기준점(O)을 중심으로 OP의 길이만큼 컴퍼스로 회전시켜 수직선상에 표시하면 무리수 $\sqrt{2}$의 위치가 되고, 반대로 OR의 길이만큼 음수 방향으로 회전시켜 표시하면 $-\sqrt{2}$의 위치가 됩니다.

이상의 내용을 정리하면 다음과 같습니다.

(1) 정사각형 넓이 a를 구한다 ➡ 한 변의 길이 $=\sqrt{a}$

(2) 수직선 위의 기준점 p를 찾는다 ➡ $\begin{cases} \text{오른쪽이면 } p+\sqrt{a} \\ \text{왼쪽이면 } p-\sqrt{a} \end{cases}$

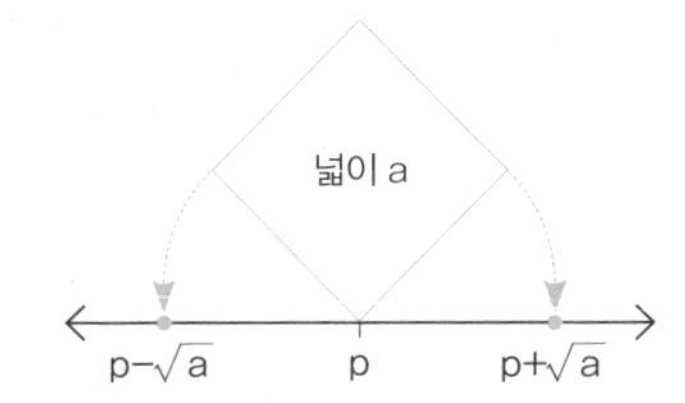

6. 제곱근의 성질

이제부터는 제곱근의 각종 성질에 대해 공부할텐데요. 먼저 제시된 조건이 양수인지 음수인지를 살핀 후 이해하세요 '왜 그럴까?'의 이유만 알면 굳이 외우지 않아도 그 공식이 머릿속에 자리잡을테니까요.

단 무리수에서도 (음수) × (음수) = (양수)의 공식이 그대로 적용됩니다.

(1) a 〉 0일 때, 즉 양수일 때

$(\sqrt{a})^2=a \quad (-\sqrt{a})^2=(\sqrt{a})^2=a$

$\sqrt{a^2}=a \quad \sqrt{(-a)^2}=\sqrt{a^2}=a$

$(\sqrt{6})^2=6 \quad (-\sqrt{6})^2=6$

$\sqrt{6^2}=6 \quad \sqrt{(-6)^2}=\sqrt{36}$

$=\sqrt{6^2}=6$

(2) '모든 수 A'에 대하여

$$\sqrt{A^2} = |A|(\text{절댓값 } A) = \begin{cases} A \geq 0\text{일 때, } & A \\ A < 0\text{일 때, } & -A \end{cases}$$

$\sqrt{A^2}$: 양수, A / $-A$: 양수

$A=2$일 때, $\sqrt{2^2}=2$ ➡ $\sqrt{A^2}=2$ (부호 그대로)

$A=-2$일 때, $\sqrt{(-2)^2}=2$ (부호 반대로)

➡ $\sqrt{A^2}=-(-2)=2$

7. 사칙연산

무리수의 사칙연산을 이해하려면 $\sqrt{2}$와 $\sqrt{3}$은 '족보가 다른 무리수'이지만, $\sqrt{2}$와 $\sqrt{8}$은 '족보가 같은 무리수'임을 알아야 합니다.

먼저 유리수에서의 $2+3=5$처럼 $\sqrt{2}+\sqrt{3}=\sqrt{5}$ 같은 계산은 불가능한데요. 족보가 다른 무리수이기 때문입니다. $\sqrt{2}=1.414\cdots$, $\sqrt{3}=1.732\cdots$, $\sqrt{5}=2.236\cdots$인데요. 여기서 $\sqrt{2}+\sqrt{3}=1.414\cdots+1.732\cdots=3.146\cdots$이 되어 $\sqrt{5}$의 $2.236\cdots$과 결과가 완전히 다릅니다. 따라서 $\sqrt{2}+\sqrt{3}$의 계산은 그냥 $\sqrt{2}+\sqrt{3}$이 가장 정확한 계산 결과가 됩니다.

예를 들어 '김일남'과 '이일남'이란 사람이 있을 때, 우리는 '김씨 1명'과 '이씨 1명'이 있다고 하지, '김씨 2명' 또는 '이씨 2명'이 있다고 하지 않지요? 이는 마치 '$2a+3b$'에서 더 이상 계산할 수 없는 것과 같은 이치라 할까요.

단 '$\sqrt{2}+2\sqrt{2}=3\sqrt{2}$'처럼 족보가 같은 무리수끼리는 얼마든지 계산이 가능합니다. '김일남'의 집에 '김이남'과 '김삼남'이 모여 있으면 '김씨 3명'이 있다고 할 수 있으니까요.

그렇다면 $\sqrt{2}$와 $\sqrt{8}$은 어떻게 족보가 같은 무리수일까요? 앞에서

1, 4, 9, 16 등 완전제곱수의 제곱근인 $\sqrt{1}$, $\sqrt{4}$, $\sqrt{9}$, $\sqrt{16}$은 각각 $\sqrt{1^2}$, $\sqrt{2^2}$, $\sqrt{3^2}$, $\sqrt{4^2}$이므로 결국 1, 2, 3, 4 같은 정수가 된다고 배웠습니다.

그렇다면 $\sqrt{8}$은 어떨까요? $\sqrt{8} = \sqrt{(2 \times 4)}$ 인데요. 이는 $\sqrt{2} \times \sqrt{4}$로 표시할 수 있고 '$\sqrt{\ }$' 속에 들어 있는 4는 완전제곱수여서 '$\sqrt{\ }$'를 벗기면 정수 2가 되므로 결국은 $\sqrt{2} \times 2 = 2 \times \sqrt{2} = 2\sqrt{2}$가 된다는 것입니다.

실제로 그런지 확인해 볼까요? $\sqrt{2} = 1.414\cdots$이므로 $2\sqrt{2} = 2 \times 1.414\cdots = 2.828\cdots$이 됩니다. 그리고 $\sqrt{8}$ 역시 $\sqrt{4} = 2$보다는 크고 $\sqrt{9} = 3$보다는 작은 수로서 그 값은 $2.828\cdots$입니다. 따라서 $\sqrt{8}$은 $\sqrt{2}$의 2배가 되는 수이지요.

따지고 보면 $\sqrt{2}$의 2배인 $2\sqrt{2}$는 $2 = \sqrt{4}$이므로 결국 $\sqrt{4} \times \sqrt{2} = \sqrt{8}$이 되는 것입니다. 마찬가지로 $\sqrt{2}$의 3배인 $3\sqrt{2}$는 $3 = \sqrt{9}$이므로 결국 $\sqrt{9} \times \sqrt{2} = \sqrt{18}$이 되는 것이고요. $\sqrt{2}$의 4배인 $4\sqrt{2} = \sqrt{16} \times \sqrt{2} = \sqrt{32}$가 됩니다.

따라서 $\sqrt{2}$가 '김일남'이라면, $\sqrt{8}$은 '김이남'이고, $\sqrt{18}$은 '김삼남', $\sqrt{32}$는 '김사남' 등 모두가 '김씨 성을 가진 같은 족보의 무리수'라는 사실입니다.

그렇다면 $\sqrt{3}$이 '이일남'이라면 $2\sqrt{3}$은 $\sqrt{4} \times \sqrt{3} = \sqrt{12}$ 인 '이이남'이며, $3\sqrt{3} = \sqrt{9} \times \sqrt{3} = \sqrt{27}$ 인 '이삼남'이며, $4\sqrt{3} = \sqrt{16} \times \sqrt{3} = \sqrt{48}$인 '이사남'이 되므로, $\sqrt{3}$과 $\sqrt{12}$, $\sqrt{27}$, $\sqrt{48}$ 등은 모두가 '이씨 성을 가진 같은 족보의 무리수'가 됩니다.

그리고 $\sqrt{4} = 2$로서 '정수'이므로 족보가 같은 무리수는 없을 거고요.

$\sqrt{5}$가 '박일남'이라면 $2\sqrt{5}=\sqrt{4}\times\sqrt{5}=\sqrt{20}$인 '박이남'이 되고, $3\sqrt{5}=\sqrt{9}\times\sqrt{5}=\sqrt{45}$인 '박삼남'이 되며, $4\sqrt{5}=\sqrt{16}\times\sqrt{5}=\sqrt{80}$인 '박사남'이 되는 등 역시 $\sqrt{5}$와 $\sqrt{20}$, $\sqrt{45}$, $\sqrt{80}$ 등은 모두 '박씨 성을 가진 같은 족보의 무리수'가 됩니다.

이런 정도의 기초지식만 갖고 도전하면 무리수의 사칙연산도 전혀 어렵지 않을 것입니다.

1) 덧셈과 뺄셈

$a>0$, $b>0(a\neq b)$이고 m, n, p가 유리수일 때,

① $m\sqrt{a}+n\sqrt{a}=(m+n)\sqrt{a}$ $m\sqrt{a}-n\sqrt{a}=(m-n)\sqrt{a}$ $m\sqrt{a}+n\sqrt{a}-p\sqrt{a}=(m+n-p)\sqrt{a}$	예1 $5\sqrt{3}+2\sqrt{3}=(5+2)\sqrt{3}=7\sqrt{3}$ $5\sqrt{3}-2\sqrt{3}=(5-2)\sqrt{3}=3\sqrt{3}$ $5\sqrt{3}+2\sqrt{3}-4\sqrt{3}=(5+2-4)\sqrt{3}=3\sqrt{3}$
② $\sqrt{a}\pm\sqrt{b}=\sqrt{a}\pm\sqrt{b}$ $m\sqrt{a}\pm n\sqrt{b}=m\sqrt{a}\pm n\sqrt{b}$	예2 $\sqrt{3}\pm\sqrt{2}=\sqrt{3}\pm\sqrt{2}$ $2\sqrt{3}\pm 5\sqrt{2}=2\sqrt{3}\pm 5\sqrt{2}$

2) 곱셈과 나눗셈

$a>0$, $b>0(a\neq b)$이고 m, n, p가 유리수일 때,

① $\sqrt{a}\times\sqrt{b}=\sqrt{a}\sqrt{b}=\sqrt{ab}$ $\sqrt{a}\div\sqrt{b}=\frac{\sqrt{a}}{\sqrt{b}}=\sqrt{\frac{a}{b}}$ $m\sqrt{a}\times n\sqrt{b}=mn\sqrt{ab}$ $m\sqrt{a}\div n\sqrt{b}=\frac{m}{n}\sqrt{\frac{a}{b}}$	예1 $\sqrt{2}\times\sqrt{3}=\sqrt{2}\sqrt{3}=\sqrt{6}$ $\sqrt{2}\div\sqrt{3}=\frac{\sqrt{2}}{\sqrt{3}}=\sqrt{\frac{2}{3}}$ $4\sqrt{2}\times 2\sqrt{3}=8\sqrt{6}$ $4\sqrt{2}\div 2\sqrt{3}=2\sqrt{\frac{2}{3}}$

② $\sqrt{a^2b} = \sqrt{a^2}\sqrt{b} = a\sqrt{b}$

$\sqrt{\dfrac{a}{b^2}} = \dfrac{\sqrt{a}}{\sqrt{b^2}} = \dfrac{\sqrt{a}}{b}$

예 2 $\sqrt{12} = \sqrt{2^2 \times 3} = \sqrt{2^2}\sqrt{3} = 2\sqrt{3}$

$\sqrt{\dfrac{3}{4}} = \dfrac{\sqrt{3}}{\sqrt{4}} = \dfrac{\sqrt{3}}{\sqrt{2^2}} = \dfrac{\sqrt{3}}{2}$

만약 덧셈과 뺄셈, 곱셈과 나눗셈이 섞인 혼합 계산일 경우에는 정수의 사칙연산에서 배운 방법 그대로, 또한 괄호가 있는 계산일 경우에도 분배법칙 그대로 이용하면 됩니다.

3) 분모의 유리화

다음 경우를 한 번 가정해볼까요?

$\dfrac{5}{0.25}$의 계산이 편리할까요, 아니면 $\dfrac{40}{2}$의 계산이 편리할까요?

이는 하나마나한 질문입니다. 한눈에 봐도 뒤엣것이 훨씬 쉬워 보이니까요.

앞엣것의 분모와 분자에 각각 8을 곱한 식이 뒤엣것이어서 사실은 같은 식인데도 뒤엣것이 훨씬 쉬워 보이는 이유는 뭘까요? 바로 분모가 정수 형태를 취하고 있기 때문입니다.

분모가 같은 정수라도 $\dfrac{7}{5}$보다는 $\dfrac{14}{10}$가 계산하기에 쉽습니다. 뒤엣것은 분모가 10이어서 암산으로 답을 찾을 수 있기 때문입니다.

이렇듯 나눗셈의 기준이 되는 분모가 계산하기 쉬운 수의 형태를 띠고 있으면 나눗셈 연산은 아주 쉬워집니다.

그렇다면 $\dfrac{3}{\sqrt{2}}$처럼 분모가 무리수인 경우는 어떨까요?

분모가 간단한 형태의 유리수여도 계산이 복잡하기 이를 데 없는데. 하물며 무슨 수인지도 모르는 무리수라면 어떻게 나눌 수 있겠습니까?

위에 나온 $\frac{3}{\sqrt{2}}$에서 $\sqrt{2}$의 근사치인 1.414를 써서 표시하면 $\frac{3}{1.414}$이 되어 계산할 엄두가 나지 않겠지요?

따라서 나눗셈의 계산을 보다 쉽게 하기 위해 분모를 유리수 형태로 고치는 작업이 '분모의 유리화'입니다.

$\frac{3}{\sqrt{2}}$에서 양변에 각각 $\sqrt{2}$를 곱하면 $\frac{3 \times \sqrt{2}}{\sqrt{2} \times \sqrt{2}} = \frac{3\sqrt{2}}{2}$가 되어 단번에 분모가 계산하기 쉬운 정수 형태로 요술처럼 변하지요. 그러면 분자는 $3 \times 1.414\cdots = 4.242\cdots$가 되고 이를 2로 나누면 $2.121\cdots$이 되는 것입니다.

따라서 '분모의 유리화'는 아래에 소개하는 방법대로 분모를 계산에 편리한 유리수로 바꾸는 과정이며, 그 방법은 분모의 무리수를 한 번 더 곱해 $(\sqrt{\square})^2 = \square$로 만드는 것입니다.

$a > 0$, $b > 0 (a \neq b)$일 때,

$$\frac{1}{\sqrt{a}} = \frac{1 \times \sqrt{a}}{\sqrt{a} \times \sqrt{a}} = \frac{\sqrt{a}}{a} \qquad \frac{1}{\sqrt{2}} = \frac{1 \times \sqrt{2}}{\sqrt{2} \times \sqrt{2}} = \frac{\sqrt{2}}{2}$$

$$\frac{\sqrt{b}}{\sqrt{a}} = \frac{\sqrt{b} \times \sqrt{a}}{\sqrt{a} \times \sqrt{a}} = \frac{\sqrt{ab}}{a} \qquad \frac{\sqrt{3}}{\sqrt{2}} = \frac{\sqrt{3} \times \sqrt{2}}{\sqrt{2} \times \sqrt{2}} = \frac{\sqrt{6}}{2}$$

제3부
특별한 수

수학에는 실수 체계와 관련 없는 숫자가 많이 있습니다. 자신이 발견한 새로운 분야의 이론을 뒷받침하기 위해 수학자들이 만들어낸 숫자들인데요. 여기에는 자기 이론의 특징을 표현하는 뜻을 담은 숫자도 있지만, 자기 이름을 그대로 딴 숫자들도 있습니다.
이렇듯 새로운 숫자가 계속 등장한다는 것은 수학이 틀에 갇힌 고정된 학문이 아니라는 반증입니다. 만약 여러분이 로또 복권에서 1등에 당첨되는 법칙을 찾아냈다면 이를 수식으로 만들 수 있고, 여기에 등장하는 숫자들은 여러분 이름을 딴 수로 명명할 수 있다는 뜻입니다.
수학의 발달에 크게 기여해 수학사에 길이 남을 5개의 수를 지금부터 소개하려 합니다. 물론 여기에 등장하는 인물들은 세계 최고의 수학자로 불리기에 손색이 없는 인물들이지만, 반드시 유명 수학자만이 새로운 수를 만들어낼 수 있는 것은 아닙니다. 어릴 때부터 수학에 관심을 갖고 궁금한 부분에 대해 끊임없이 의문을 제기할 수 있는 용기와 인내력만 갖춘다면 누구나 수학사에 자기 이름을 당당히 올릴 수 있답니다.

제1장 피보나치 수

1. 레오나르도 피보나치Leonardo Fibonacci

이탈리아의 수학자 레오나르도 피보나치는 '제1부 자연수'의 인도-아라비아 숫자와 '제2부 분수'의 피보나치 공식을 통해 접한 적이 있는데, 중세의 수학 암흑기에 아라비아의 선진 수학을 유럽에 들여오면서 '아라비아 숫자'를 함께 소개함으로써 유럽 수학을 부흥시킨 인물입니다.

아버지가 아프리카 북부 지방의 세관 책임자로 근무했기에 아프리카에서 자라면서 많은 지방을 여행하며 견문을 넓힌 그는 당시로서는 최고 수준이던 아라비아 수학을 배우고 10년 만에 귀국해 『주산서Liber Abaci』란 수학책을 씁니다. 그는 이 책에서 인도-아라비아 숫자뿐만 아니라, 피보나치 공식과 피보나치 수열을 소개했습니다.

2. 피보나치 수열

1) 형태

피보나치 수를 공부하기에 앞서 '수열' 개념을 알아야 하는데요. '수가 어떤 규칙에 따라 차례대로 배열되어 있는 형태'를 말합니다.

자연수가 대표적인 수열인데요. 1, 2, 3, 4, 5, …는 뒤로 갈수록 1씩 커지는 수의 배열이기 때문입니다. 1, 2, 3, 1, 2, 3, 1, …은 1, 2, 3이 계속적으로 반복되는 수열이며, 1, −2, 3, −4, 5, −6, …은 뒤로 갈수록 양수와 음수가 번갈아 나타나면서도 절댓값은 1씩 커지는 수열입니다.

'피보나치 수열'도 있는데요. 이 수열의 형태부터 알아보겠습니다. 피보나치 수열은 다음과 같습니다.

1, 1, 2, 3, 5, 8, 13, 21, 34, 55, 89, 144, 233, …

이 수열은 어떤 규칙에 따라 배열되어 있는 걸까요? 뒤로 갈수록 숫자가 점점 커지는데, 그 규칙이 무엇인지는 눈에 확 들어오지 않습니다. 하지만 꼼꼼히 들여다보면 '모든 숫자는 두 자리 앞의 숫자와 한 자리 앞의 숫자를 합한 숫자'임을 알 수 있습니다.

1870년대에 에뒤아르 뤼카Eduard Lucas란 프랑스 수학자가 최초로 이 문제를 소개하면서 '피보나치 수열Fibonacci Sequence'이란 이름을 붙이고, 각 항을 '피보나치 수Fibonacci Number'라고 불렀습니다.

이 수열을 일반화한 식으로 표시하면 다음과 같습니다.

$$F_{n+2} = F_{n+1} + F_n$$

이 식은 'n + 2항의 피보나치 수'는 'n + 1항의 피보나치 수와 n항의 피보나치 수의 합'이란 뜻입니다.

n을 1로 두면 $F_3 = F_2 + F_1$이며, n을 2로 두면 $F_4 = F_3 + F_2$가 되는 것이지요.

이를 피보나치 수열에 대입하면 $F_1 = 1$, $F_2 = 1$, $F_3 = 2$이므로 $2 = 1 + 1$이란 의미가 되겠지요. 마찬가지로 $F_2 = 1$, $F_3 = 2$, $F_4 = 3$이므로 $3 = 2 + 1$이란 뜻이고요.

그렇다면 $F_7 = F_6 + F_5$에 적용하면 $13 = 8 + 5$가 되고, $F_{10} = F_9 + F_8$에 적용하면 $55 = 34 + 21$이 되지요.

그래도 이해가 안 되는 독자들은 다음 그림을 보면 이해가 쉬울 겁니다.

(1) 1 2 3 5 8 13 21 34 55 89 144 223

2) 유래

피보나치는 수학책에서 다음과 같은 문제를 냈습니다.

어떤 사람이 토끼 한 쌍을 우리에 넣었다. 이 토끼 한 쌍은 한 달에 새로운 토끼 한 쌍을 낳고, 낳은 토끼들도 한 달이 지나면 다시 토끼 한 쌍을 낳는다.

그렇다면 일 년이 지나면 몇 쌍의 토끼가 있을까?

그리하여 많은 수학자들이 그 풀이에 매달린 결과, 다음과 같이 한 눈에 알아볼 수 있도록 깔끔하게 표로 정리했습니다.

	새끼 토끼 쌍의 수	어미 토끼 쌍의 수	우리 안 토끼 쌍의 수
1월	0	1	1
2월	1	1	2
3월	1	2	3
4월	2	3	5
5월	3	5	8
6월	5	8	13
7월	8	13	21
8월	13	21	34
9월	21	34	55
10월	34	55	89
11월	55	89	144
12월	89	144	233

3. 자연계에서 쏟아져 나온 피보나치 수

흥미롭기는 했지만 별 것 아닌 것 같아 보이던 이 수가 언제인가부터 학자와 예술가들에게 각광을 받게 되는데, 그 계기는 1900년대 영국 옥스퍼드대의 식물학자 처치A. H. Church의 사소한 실험이었습니다.

어느 날 그가 해바라기 꽃씨 형태에서 나선을 이루는 수를 세어 보았더니 피보나치 수와 동일한 숫자가 등장했습니다. 즉 시계 방향이 21이면, 반反시계 방향이 34가 되고, 또 하나가 34이면 다른 것은 55

가 되는 식으로 항상 연속된 2개의 피보나치 수가 쌍을 이루고 있었던 것입니다.

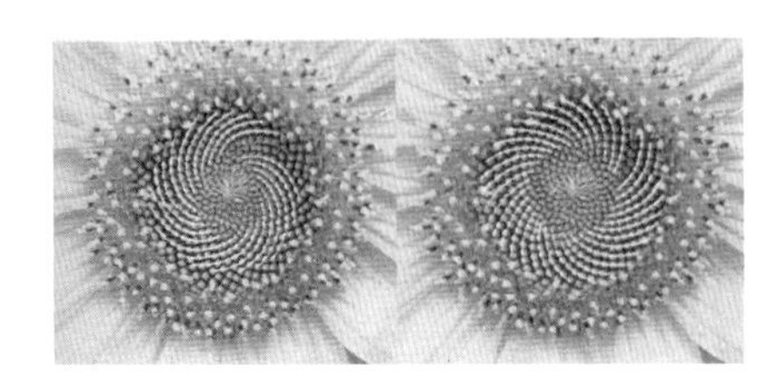

이어서 1920년대에는 미국 예일대의 제이 햄비지Jay Hambidge 교수가 식물은 피보나치 수열을 따라 성장한다는 사실을 발견했습니다. 예를 들어 꽃잎이 3장, 5장, 8장, 13장, 21장, 34장인 꽃이 많다거나, 쑥부쟁이의 경우 꽃잎의 장수가 55장 또는 89장이고, 자루에 난 잎사귀 수도 3, 5, 8, 13, 21개인 경우가 많았던 것입니다.

하지만 피보나치 수에 따른 성장 패턴은 식물계에만 국한된 것이 아니라 동물계에서도 흔하게 발견됐습니다.

먼저 바다에 사는 불가사리는 5각형 구조를 갖고 있지만, 그 입도 역시 5각형입니다. 가오리나 박쥐의 몸집도 5각형으로 커가고, 호랑이나 고양이 얼굴도 5각형을 하고 있습니다.

다음으로는 소라나 고둥, 앵무조개를 비롯한 여러 바다생물의 껍질과 달팽이 껍질인데요. 이 껍질 모양에서 다음 그림처럼 태풍이나 은하계Galaxy 또는 바다 파도와 같은 소용돌이 모습이 발견되며, 이 형태를 한 채 34열, 55열, 89열, 144열 등으로 늘어선 거미집의 모습도 볼 수 있습니다.

우리는 이 소용돌이 모습을 '등각나선Equiangular Spiral' 또는 '피보나치 나선Fibonacci Spiral'이라 부르는데요. '등각나선'은 '극에서 곡선으로 그은 선은 어떤 장소에서도 똑같은 각을 이룬다'고 하여 붙은 이름이고, '피보나치 나선'은 당연히 그 크기가 피보나치 수열을 이루기 때문입니다.

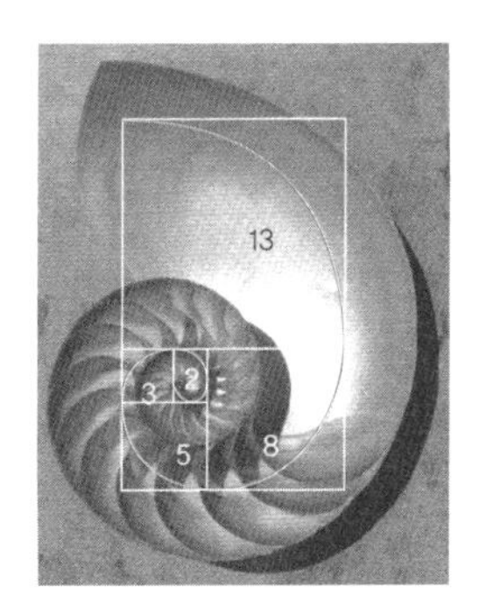

수학자들의 연구는 여기서 멈추지 않고, 마침내 피보나치 수가 황금비Golden Ratio와도 밀접한 연관이 있다는 사실까지 밝혀냈습니다. '황금비'는 '주어진 길이를 가장 이상적인 크기의 두 조각으로 나누면

그 값이 1.61803…인 무리수가 되는 비'를 말하는데요. 이를 그림으로 나타내면 다음과 같습니다.

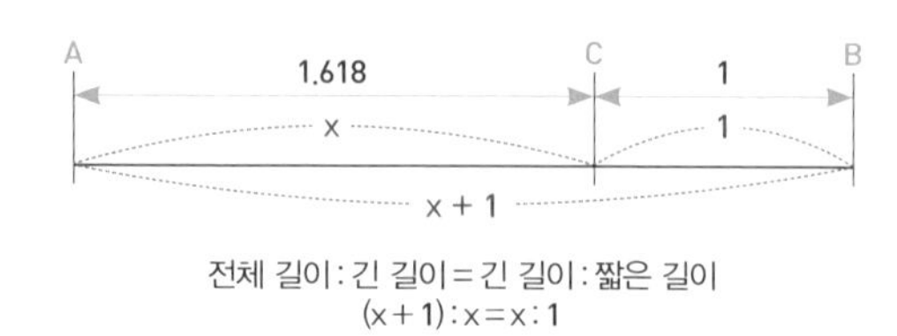

전체 길이 : 긴 길이 = 긴 길이 : 짧은 길이
(x + 1) : x = x : 1

그렇다면 여기서 피보나치 수열의 서로 이웃한 수들끼리의 비를 구해볼까요.

앞에 나오는 숫자를 분모로, 이어서 나오는 숫자를 분자로 해서 비를 구하면 다음과 같습니다.

$\frac{2}{1}$	$\frac{3}{2}$	$\frac{5}{3}$	$\frac{8}{5}$	$\frac{13}{8}$	…	$\frac{144}{89}$	$\frac{233}{144}$	$\frac{377}{233}$
⬇	⬇	⬇	⬇	⬇		⬇	⬇	⬇
2	1.5	1.666	1.6	1.625	…	1.6179	1.6180	1.6180

이 수를 계속 반복하면 두 수 사이의 비는 황금비에 아주 가까운 값이 됨을 알게 됩니다.

이번에는 이 방법과는 반대로 앞에 나오는 숫자를 분자로, 이어서 나오는 숫자를 분모로 해서 비를 구해보면 다음과 같은 결과가 나오는데요.

$\frac{1}{2}$	$\frac{2}{3}$	$\frac{3}{5}$	$\frac{5}{8}$	$\frac{8}{13}$	…	$\frac{89}{144}$	$\frac{144}{233}$	$\frac{233}{377}$
⬇	⬇	⬇	⬇	⬇		⬇	⬇	⬇
0.5	0.666	0.6	0.625	0.615	…	0.6180	0.6180	0.6180

희한하게도 그 값은 황금비인 1.6180에서 정수 부분인 1을 뺀 0.6180이라는 신기한 수가 됩니다. 그래서 오늘날에는 1.6180뿐만 아니라 0.6180까지 황금비로 여기는데요. 이렇게 황금비가 두 가지 수가 될 수 있었던 것은 '피보나치 수' 덕분입니다.

한편, 직사각형에서 정사각형 부분을 잘라내고 남은 나머지 사각형이 본래의 직사각형과 닮음이 되는 사각형을 '황금 직사각형'이라 부르는데요. 이 직사각형의 가로 : 세로의 비 역시 황금비를 이루고 있습니다.

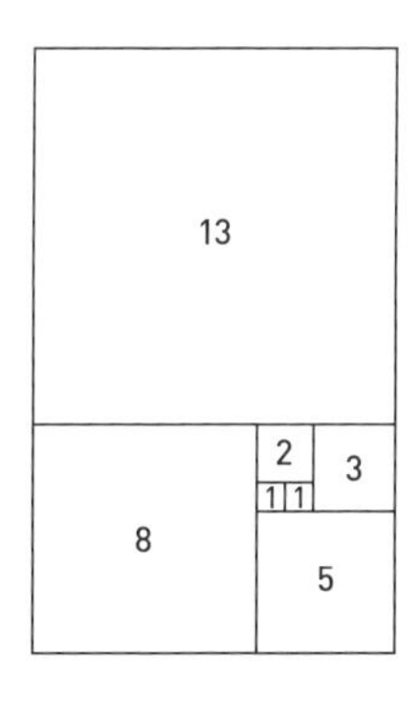

이 황금 직사각형은 특이한 성질을 갖는데요. 그것은 이 사각형을 분할하면 '황금나선Golden Spiral'이 만들어진다는 것입니다. 그리고 이 황금나선이 앞에서 말한 등각나선, 즉 피보나치 나선입니다.

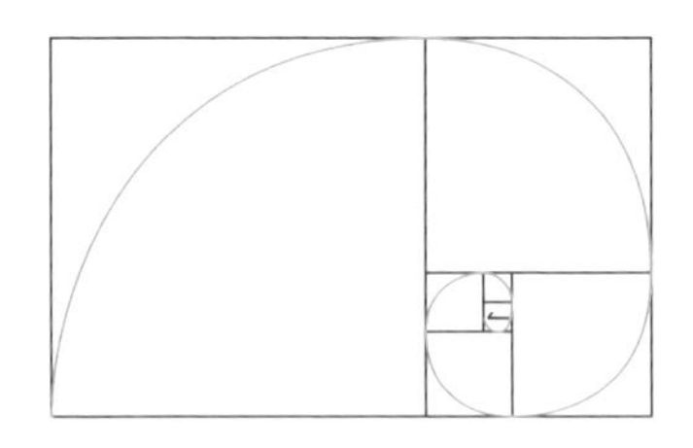

4. 용도

현대에 들어와 피보나치 수는 자연계뿐 아니라 수학의 여러 분야, 특히 역학과 컴퓨터 과학, 건축, 예술, 경제, 사회에 이르기까지 아름답거나 질서정연한 모든 형식이 있는 곳이면 빠지지 않고 등장해서 핵심 역할을 하고 있습니다. 이렇다 보니 사람들에게 예쁘게 보이려는 소비재 물건들, 이를 테면 명함, 담배갑, 신용카드의 가로 : 세로의 비에서도 볼 수 있고, HD-TV나 컴퓨터의 와이드 모니터 등에 16 : 9, 15 : 9(5 : 3), 16 : 10(8 : 5) 등 근사 황금비가 사용되는 것 역시 이런 이유입니다.

피보나치 수는 주식시장에서도 중요한 분석 도구로 쓰이는데요. 1930년 미국의 엘리엇R. N. Elliot은 과거 75년 동안의 주가 흐름에 대한 연간, 월간, 주간, 일간, 시간, 30분 단위의 데이터까지 주식시장의 변화를 주의 깊게 살폈습니다. 당시 다우존스 지수는 주요 30개 기업의 주식 가격을 이용해 평가를 내렸는데요. 그는 주식시장에서도 자연계에서 나타나는 조화로운 변화가 있음을 알아냈습니다.

그래서 그는 1939년 이 논리를 체계화한 '엘리엇 파동 원리Elliot Wave Principle'를 발표했는데요. '주식시장은 항상 같은 주기를 반복하고, 각 주기는 정확하게 8개의 파동으로 구성된 두 단계로 이루어져 있으며, 상승하는 주식 가격과 하락하는 주식 가격의 시점이 피보나치 수와 관련이 있다'는 내용이었습니다. 특히 이 원리는 1987년 미국 주식시장의 폭락사태를 예견함으로써 최상의 주식 예측 도구로 각광 받았습니다.

하지만 이 원리는 애초부터 다우 지수 같은 전체 주가 지수의 흐름을 바탕으로 한 이론이었으므로 개별 종목에 적용하기에 무리가 있었습니다. 그래서 증권가에서는 이 이론을 바탕으로 다양한 소프트웨어를 개발해서 사용하고 있습니다.

한편, 저명 과학자들은 화학에서 쓰이는 원소 주기율 표에도 피보나치 수와 그 수들의 비가 존재한다고 주장합니다. 오스트레일리아의 유전학자들은 조류의 동종同種 번식에 관한 연구에서 피보나치 수의 전개와 같은 형식을 사용하기도 했습니다.

또한 천문학자들은 목성, 토성, 천왕성과 각 위성 간의 거리를 측정하는 공식에서 피보나치 수가 필요함을 밝혀냈고, 일부 학자들은 도시의 에너지 수요의 증가와 수질오염 관리공장의 가장 경제적 위치를 예측하는데 피보나치 수가 실용적임을 증명했습니다. 이렇듯 과학 분야에서 피보나치 수를 응용하는 경우는 일일이 언급하기조차 힘들 정도로 많습니다.

이 수는 데이터 분류 및 정보 검색에도 이용됩니다. 그리하여 최근에는 첨단과학인 암호는 물론이고 컴퓨터 과학 분야인 코드 이론에까지 활용 범위를 넓혀가고 있답니다.

페르마형 소수

1. 피에르 드 페르마 Pierre de Fermat

피에르 드 페르마는 본업이 변호사이고 수학은 틈틈이 공부한 프랑스의 아마추어 수학자였으나, 수학을 직업으로 한 전문가들보다 수학적 업적을 더 많이 남긴 17세기 최고의 수학자로 꼽히는 인물입니다.

그는 '근대의 정수론과 확률론의 창시자'로 알려져 있지만 '해석 기하학'의 확립에도 기여했으며, 극대값과 극소값을 결정하는 방법을 개발하여 아이작 뉴턴Isaac Newton이 미적분학을 창안하는데 큰 도움을 주기도 했습니다.

초등 산수 외에는 어떤 수학 교육도 받지 않았던 그는 클로드 바셰Claude Gaspar Bachet가 번역한 그리스 수학자 디오판토스Diophantos의 『수론Arithmetica』을 읽고 자극 받아 취미로 수학을 연구했는데요. 하지만 '페르마의 마지막 정리'라는 수학계를 발칵 뒤집어놓는 괴물을 탄생시키기도 했습니다.

하지만 그의 연구 활동에서 가장 두드러진 분야는 정수론인데요. 그 중에서도 정수론의 가장 중요한 요소인 '소수' 개념에서 혁혁한 공을 세웠습니다. $2^{2^n}+1$ 같은 페르마형 소수의 추측에서 시작해 페르마의 대정리(np−n의 정리), 4n+1형 소수에 관한 제곱수의 합의 정리, n=2의 디오판토스 방정식의 해답 정리 등에서 이른바 '페르마의 마지막 정리'에 이르기까지 놀라운 통찰력을 발휘해 정수론 연구에 획기적 전기를 마련했던 것입니다.

2. 페르마형 소수

소수는 '제2부 정수' 장에서 배운 적이 있는데요. 페르마형 소수는 내용은 어렵지 않지만 식의 형태가 복잡해 생략했던 부분이므로, 다시 한 번 소수를 복습한다는 생각으로 접근하기 바랍니다.

이 수는 2, $2^2=4$, $4^2=16$, $16^2=256$, $256^2=65536$, $65536^2=4294967296$, …으로 이어지는 수들에 각각 1을 더한 수, 즉 3, 5, 17, 257, 65537, 4294967297, … 등의 수를 말합니다.

이를 식으로 표현하면 $F_n=2^{2^n}+1$은 소수로서 $F_0=2^1+1=3$, $F_1=2^2+1=5$, $F_2=2^4+1=17$, $F_3=2^8+1=257$, $F_4=2^{16}+1=65537$, … 등입니다. 그래서 페르마는 "식 $F_n=2^{2^n}+1$(n은 음이 아닌 정수)로 표현되는 수는 모두 소수"라고 주장했습니다.

하지만 1732년 오일러가 여섯 번째 페르마형 소수인 $F_5=4294967297$이 641×6700417로 소인수분해가 된다는 사실을 증명합니다. 그 후 1880년에는 F_6이 274177의 소인수를 가진다는 사실이 알려졌고, 1905년에는 F_7이 소수가 아님이 증명되었고, 1971년에는 실제로 17자릿수와 22자릿수인 두 수로 소인수분해가 되었습니다. 계속해서 1990년대에는 F_8, F_9, F_{10}, F_{22} 등의 페르마형 소수가 모두 소수가 아님이 속속 밝혀졌습니다.

그리하여 현대 수학자들은 F_4보다 큰 페르마형 소수는 모두 '소수가 아니다'는 믿음을 갖게 되었지만, 이 사실이 수학적으로 완벽히 증명된 것은 아닙니다.

3. 결론

비록 페르마형 소수는 겨우 다섯 번째 수까지만 소수이고 나머지부터는 모두 소수가 아님이 드러났지만, 그의 이런 열정과 노력이 '페르마의 마지막 정리'를 탄생시켜 다양한 수학 분야에서의 엄청난 발전을 이끌어냈습니다.

그는 $a^2 = b^2 + c^2$인 피타고라스의 정리를 발전시켜 후세 수학자들에게 $a^n = b^n + c^n$이 성립하는지 여부를 숙제로 남겨 놓았는데요. 이 정리는 이해하기가 쉬워 많은 수학자들이 달려들었지만 생각처럼 쉽게 풀리지 않았습니다. 그리하여 많은 수학자들의 연구 성과와 정수론, 기하학 등 20세기 첨단수학 이론이 총동원된 끝에 페르마가 문제를 제기한 지 357년만인 1995년에야 마침내 종지부를 찍는데요. 그 주인공은 영국의 수학자로서 미국의 프린스턴대 교수였던 앤드류 와일즈Andrew Wiles입니다.

이 정리는 첨단 컴퓨터로도 풀지 못했고, 지금도 이 증명 과정을 완전히 이해하는 수학자가 많지 않은 것으로 알려져 있을 만큼 그 내용이 어렵고 복잡합니다. 하지만 페르마가 던진 돌멩이 하나가 엄청난 파문을 일으키며 수학계를 발칵 뒤집어놓았으며, 그 결과 수많은 학자들을 학구열로 불타게 만듦으로써 수학계는 놀라운 발전을 이룰 수 있었던 겁니다.

참고로 앤드류 와일즈와 관련해서는 다음 이야기가 전해오는데요. 그가 10살 때 동네 도서관에서 수학책을 읽던 중 '페르마의 마지막 정리는 간단해 보여도 300년 이상 풀리지 않고 있다'는 내용을 접하고는 이 정리를 푸는 것을 평생의 목표로 삼았답니다. 그리고 자신의 꿈을 잊지 않았으며, 또한 힘들고 외로운 싸움에서 포기하지 않는 강한 정신력을 지녔기에 마침내 그는 세계 최고의 수학자로 우뚝 설 수 있었던 겁니다.

제3장 오일러의 수

1. 레온하르트 오일러Leonhard Euler

스위스의 수학자이자 물리학자인 레온하르트 오일러는 '해석학의 화신'이니 '최대의 알고리스트Algorist' 등으로 불릴 만큼 독일과 러시아 학사원을 무대로 활약하면서 수학 역사상 가장 왕성한 활동을 펼쳐 '모든 시대를 통틀어 가장 위대한 수학자'로 평가받는 인물입니다.

그는 젊어서부터 천문학과 의학, 식물학, 화학, 동양어 등 다양한 분야에서 광범위하게 연구했는데, 이런 폭넓은 지식은 나중에 순수 수학과 응용 수학을 가리지 않고 모든 수학 영역에서 엄청난 업적을 남기는데 원동력이 됩니다.

그가 생전에 보인 경이로운 기억력과 열정을 증명하는 일화는 끝이 없는데요. 예를 들어 잠이 오지 않는 날에는 1부터 시작해 100까지 각 수의 6제곱수를 하나하나 암산하다가 그것이 끝나면 각 수의 6제곱수를 처음부터 모두 더하는 계산을 하면서 잠이 들었답니다. 또한 로마 최고의 시인으로 불린 베르길리우스의 서사시집 「아이네이스Aeneis」 3권을 몽땅 암송했답니다.

13명의 자녀를 둔 그는 연구에 몰두하다가 시력을 잃어 17년을 완전한 실명 상태로 지냈지만, 60년간 530여 편에 이르는 초인적인 양의 저서와 논문을 출간해 매년 800쪽에 달하는 글을 쓴 것으로 추산되는데요. 수학사에서 가장 많은 저서를 남긴 수학자라는 점에서 더욱 높은 평가를 받습니다. 특히 그는 시력을 잃어가는 동안 철저한 준비를 했는데요. 머릿속에서 수학 계산을 하고 책 내용을 사진처럼 기억하는 연습을 했다고 합니다. 예를 들면 한 문학작품 내용을 통째로 외우는 것은 물론이고 각 페이지의 첫 줄과 마지막 줄의 내용까지 사진처럼 담아두었던 겁니다. 이런 훈련을 통해 시력을 상실한 후에도 수많은 업적을 남길 수 있었던 것입니다.

그리하여 윌리엄 던햄의 저서 『수학세계』에는 "역사상 어떤 수학자도 그렇게 빨리 생각할 수 없었다. 그 문제에 대해 대부분의 사람들은 그렇게 빨리 쓸 수조차 없었을 것이다"라고 기록되어 있는데요. '그가 집필을 끝낸 논문이 책상 위에 수북이 쌓여 있었던 것은 인쇄 속도가 그의 집필 속도를 따라가지 못해서였다'는 이야기도 전해옵니다.

그는 생애의 마지막 날에도 오전에는 팽창하는 풍선의 팽창 속도를 계산했고, 오후에는 새로 발견된 행성인 천왕성의 궤도를 계산하는데 몰두했으며, 저녁 식사 후 손자를 보며 잠시 쉬다가 갑자기 심장마비가 오자 석판에 '나는 죽는다'라고 쓰고는 생을 마감했을 정도로 천성적으로 수학을 사랑한 인물입니다.

그가 이룬 업적으로는 '함수' 개념을 이용해 미적분학을 발전시키고 변분학을 창시했으며, 자연 로그의 밑을 나타내는 e(= 2.718···)와 허수 단위인 $i(=\sqrt{-1})$, 합의 기호 Σ, x에 대한 함수를 나타내는 f(x), 삼각

함수의 생략 기호(sin, cos, tan)와 같은 기호를 도입하는 등 대수학 및 정수론, 해석기하학, 응용수학, 물리수학, 고전역학 등에서 수많은 정리를 개발하는 업적을 남겼을 뿐만 아니라, 한붓그리기 연구로 위상기하학의 발전에도 초석을 놓았습니다.

그 결과 '오일러'라는 이름이 붙은 수학 용어만 해도 '오일러의 원(구점원)', '오일러의 선(외심과 수심 및 무게중심은 일직선)', '오일러의 변환', '오일러 함수', '오일러의 공식', '오일러의 다면체정리', '오일러의 그림(벤 다이어그램의 바탕이 됨)', '오일러 방진' 등 아주 다양합니다.

2. 오일러의 수 e

1) e가 등장하게 된 계기

이 수는 수학계의 최고 가문으로 꼽히는 스위스의 베르누이 가문을 이끈 수학자 야곱 베르누이Jacob Bernoulli에서 비롯됐습니다.

오일러의 스승이었던 그는 일상생활에서 중요한 문제였던 복리이자 계산에 관심이 컸습니다. 당시에는 돈을 빌리고 이자를 계산하는 것이 수학의 최고 응용 분야였기 때문입니다. 그는 명목상 같은 복리이더라도 계산을 자주하면 결과가 어떻게 될지 궁금했습니다.

예를 들어, 1원에 연 100%의 복리를 생각해봅시다. 1년 후의 결과는 $(1+\frac{1}{1})^1 = 2$원이 됩니다.

이것을 다음과 같이 나타내봅시다.

1년에 2번(반 년에 한 번씩) 계산하면 $(1+\frac{1}{2})^2 = 2.25$가 되고,

1년에 4번(4분기에 한 번씩) 계산하면 $(1+\frac{1}{4})^4 = 2.44$가 되며,

1년에 12번(매달 한 번씩) 계산하면 $(1+\frac{1}{12})^{12}=2.66$이 되고,

1년에 365번(매일 한 번씩) 계산하면 $(1+\frac{1}{365})^{365}=2.71\cdots$이 됩니다.

그리하여 이 계산을 연속적으로 하면 $(1+\frac{1}{n})^{n}$의 값은 2,718…에 가까워진다는 것을 알 수 있습니다(n은 무한히 커지는 수).

야곱은 이 새롭고 낯선 숫자에 주목했습니다. '도대체 2.718…의 의미는 무엇일까?'

그는 곧 인구의 증가, 병원균의 증가, 이자의 증가 등 현재의 숫자나 금액에 일정한 비율로 증가하는 모든 형태는 이 숫자로 표현이 가능함을 알아냈습니다. 그 후 오일러는 이 수에 'e'라는 이름을 붙였습니다.

2) 오일러의 개념 전개

오일러가 상수 e를 발견하게 된 것은 '$\frac{1}{1}+\frac{1}{2}+\frac{1}{3}+\frac{1}{4}+\frac{1}{5}+\frac{1}{6}+\cdots$을 끝없이 계속 진행시키면 어떤 결과가 발생할까?' 하는 무한급수의 문제를 생각하면서였습니다.

무한급수라고 해서 무조건 끝없이 커지는 것은 아닙니다. $\frac{1}{2}+\frac{1}{4}+\frac{1}{8}+\frac{1}{16}+\frac{1}{32}+\cdots$ 등으로 계속 더해 가면 그 총합이 절대로 1을 넘지 못한다는 것을 금방 알 수 있습니다. 언제나 1이 되기 위해서 필요한 크기의 절반만을 더하기 때문입니다.

문외한의 눈에는 그저 장난처럼 보이는 이런 수의 나열이 수학자에게는 종종 수의 원리를 이해하는 결정적인 수단이 됩니다.

오일러의 관심은 무한급수 자체가 아니라 여기에 어떤 법칙성이 있는지를 알아내는 것이었습니다. 그래서 그는 함수를 하나 구성한 다

음, 여기에 그리스어 알파벳인 '제타(ξ)'를 붙였습니다.

ξ(1)은 앞에서도 언급한 $\frac{1}{1}+\frac{1}{2}+\frac{1}{3}+\frac{1}{4}+\frac{1}{5}+\frac{1}{6}+\cdots$의 무한급수이고, ξ(2)는 $\frac{1}{12}+\frac{1}{22}+\frac{1}{32}+\frac{1}{42}+\frac{1}{52}+\frac{1}{62}+\cdots$의 무한급수입니다.

무한급수를 계산하려면 그것의 극한값을 고려해야 합니다. 오일러는 1에 점점 작아지는 값이 더해지는 수열과 그 전체에 지수를 붙인 수열이 어디로 귀결되는지를 탐구했습니다.

우선 $1+\frac{1}{1}$, $1+\frac{1}{2}$, $1+\frac{1}{3}$, $1+\frac{1}{4}$, $1+\frac{1}{5}$ … 수열을 진행시켰습니다. 이 수열을 무한히 반복하면 결국 아무 것도 더할 것이 없게 되므로 1 자신이 됩니다.

'그렇다면 $1+\frac{1}{n}$ 대신 $(1+\frac{1}{n})^n$을 무한히 추적하면 어떤 결과가 나올까? 즉 수열 $(1+\frac{1}{2})^2$, $(1+\frac{1}{3})^3$, $(1+\frac{1}{4})^4$, $(1+\frac{1}{5})^5$, $(1+\frac{1}{6})^6$ …은 어디로 나아갈까?'

극한값의 존재 여부에 관심을 가진 그는 극한값의 존재를 확신하고는 이 수에 'e'라는 이름을 붙였습니다. 이것이 오일러의 수 e입니다. 이 수를 계산하면 e = 2.718281828459…로 무한히 계속되는 무리수임을 확인할 수 있습니다.

3. 용도

과학자들이 이 수에 관심을 갖고 연구하다가 자연에서 벌어지는 여러 과정에서 이 수가 아주 중요한 역할을 한다는 사실을 깨닫게 됩니다. 집단에서 박테리아가 증식할 때, 나무에 서식하는 유기체의 양(생물량)이 증가할 때, 원자가 방사능 붕괴를 일으킬 때 등입니다. 또한 세포분열을 계산하거나 복리를 통한 재산 증식을 계산할 때도 이 수의 도움이 필요했습니다. 그래서 이제 e는 어떤 식으로든 발전이 이루어지는 곳, 가령 생명체의 발달이 전개되는 곳에는 어김없이 등장합니다.

e가 자연의 생명법칙을 의미하는 숫자임이 밝혀진 그 자체만으로도 대단한 업적이지만, 오일러의 수 e에는 그보다 더 놀라운 사실이 숨겨져 있는데요. 그 내용은 이렇습니다.

여기에 만족하지 않고 연구를 거듭한 그는 허수虛數의 존재를 발견하고 'i'란 이름을 지었으며, 마침내 '오일러의 등식'이라 불리는 식 '$e^{i\pi} + 1 = 0$'까지 만들어냅니다.

이 식은 수학자들에게 '세계에서 가장 아름다운 수식The Most Beautiful Equation in Mathematics'으로 평가받는데요. 그 이유는 수학에서 가장 중요하게 여기는 5개의 상수常數, 즉 가장 기본적인 자연수 '1', 인도에서 발견된 '0', 원주율 'π', 자연 로그의 밑으로 사용되는 오일러의 수 'e = 2.71…', 허수 단위 'i'라는 각각 별개의 유래를 가진 수들이 3가지 연산(덧셈, 곱셈, 지수셈)을 통해 단 하나의 공식에서 더할 나위 없이 간결한 형태로 결합되어 있기 때문입니다. 그러면서도 이 식은 또한 모든 공학에서 필수적인 식으로 이용되고 있다는 사실입니다.

제4장
가우스 수

1. 프리드리히 가우스Friedrich Gauss

독일의 물리학자 겸 천문학자인 프리드리히 가우스는 19세기 전반을 대표하는 최고 수학자로서 수학적 엄밀성Strictness과 완전성Exactness을 도입해 수리물리학에서 독립한 순수 수학의 길을 개척함으로써 근대 수학을 확립한 인물로 평가받고 있습니다.

그는 '수학의 왕'으로 불릴 뿐만 아니라 인류 역사상 가장 위대한 수학자들인 아르키메데스, 뉴턴과 더불어 '세계 3대 수학자'로 꼽히는데요. 이런 평가는 훔볼트 백작이 프랑스의 수학자 라플라스에게 "독일 최고의 수학자가 누구입니까?"라고 물었을 때, 라플라스는 "파푸"라고 대답했고, 내심 '가우스'이기를 기대한 훔볼트가 무척 실망하여 "그래도 가우스가 있지 않습니까?"라고 묻자, 그는 "가우스는 세계 제1의 수학자이지요"라고 답했다는 일화에서 시작됐습니다.

그러자 독일 수학자였던 클라인F. Klein이 "가우스에 비견할 만한 역사상의 위인은 단지 두 사람의 선구자 아르키메데스와 뉴턴이 있을 뿐이다"고 장단을 맞췄으며, 미국의 수학자 에릭 템플 벨은 『수학을 만든 사람들』에서 "아르키메데스, 뉴턴, 가우스 이렇게 세 사람은 훌륭한 수학자들 중에서도 특별하고, 그들의 공적은 우열을 가릴 수 없다"고 평가했습니다.

부모 가계에 별다른 재능을 가진 사람이 없어 후세인들이 "가우스의 재능은 우주 공간에서 날아온 방사물질로 인해 유전자가 돌연변이를 일으켜 생겨났다"고 이야기할 정도로 그는 빈농의 손자이자 평범한 석재 직공장의 아들로 태어났으며, 어머니 역시 정식 교육을 받은 적이 없습니다.

그럼에도 불구하고 19세에 고대 그리스인들이 각의 3등분 작도보다 더 어려운 과제로 여긴 정17각형을 작도할 수 있음을 증명한 후 수학자의 길로 들어서 '모든 다항방정식은 적어도 하나의 복소근을 가진다'는 '대수학의 기본 정리'를 발표했고, '가우스 평면'이란 이름이 붙게 되는 복소평면을 도입해 허수(i)를 2차원 평면에 표시하는 방법을 창안하여 복소수의 논리적 기초를 마련했으며, 비유클리드 기하학의 개념 정리 등 다양한 분야에서 놀랄 만한 업적을 이루었습니다.

그 결과 그는 대수학代數學의 기본 정리를 증명한 명저 『정수론 연구』를 써서 정수론, 특히 합동식의 완전한 체계를 이루었을 뿐 아니라 『천체운동론(특히 원뿔곡선)』, 『확률론』, 『급수론』, 『곡면론』, 『비유클리드 기하학』, 『함수론』 등 150여 편의 논문과 저서를 통해 수학의 새로운 분야를 개척했으며, 현대 수학과 이론물리학 외에 천문학, 측지학, 전자기학 등 과학기술 분야에서 남긴 업적도 만만치 않습니다.

끝으로, 그는 프랑스의 여성 수학자인 소피 제르맹Marie-Sophie Germain과 오랫동안 교류하면서 괴팅겐 대학교가 정규 학교를 다니지 못한 그

녀에게 당시로서는 파격적인 명예박사학위를 수여하도록 주선하는 등 자유로운 사고의 소유자였습니다.

2. 정의

새로운 개념의 이 수는 숫자에 기호가 사용되므로 '가우스 기호 Gauss' Notation'라고도 하며, '가우스 함수Gauss' Function'란 별명이 붙었을 만큼 고등학교 함수에 자주 등장하는 수인데요. 그 개념만 정확히 이해하면 가우스 함수도 크게 어렵지 않습니다.

그는 연산기호의 하나인 '대괄호([ ])'를 이용해 표시한 이 수에 대해 '대괄호 안에 있는 숫자보다 작거나 같은 최대의 정수'라고 정의했는데요. 이를 수식으로 표시하면 다음과 같습니다.

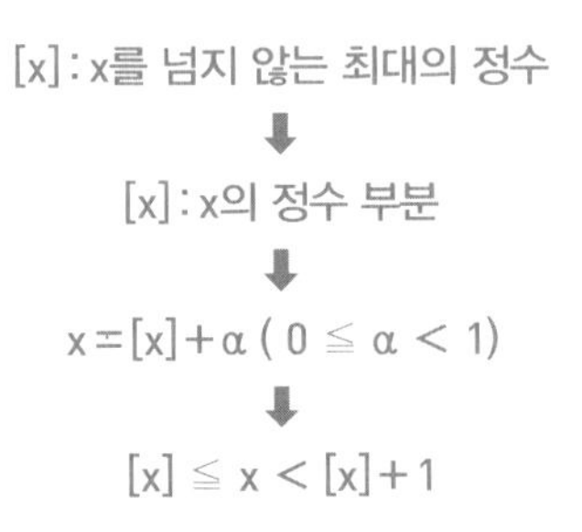

다만 허수는 정수의 개념이 없어 들어갈 수 없으므로 대괄호 안에는 실수만 들어가야 하며, 가우스 수의 결과값은 항상 정수가 됩니다.

개념만으로는 어려우므로 구체적인 수를 가지고 공부하겠습니다.

[3.1]은 3.1보다 작거나 같은 정수인 3, 2, 1, 0, … 중에서 최대의 정수이므로 답은 3입니다. 마찬가지로 [2.139]는 2.139보다 작거나

같은 최대의 정수이므로 2입니다. 따라서 [10]은 10보다 작거나 같은 최대의 정수이므로 10이 되겠지요?

그러면 [−0.4]의 답은 무엇일까요? −0.4보다 작거나 같은 정수인 −1, −2, −3, … 중에서 최대의 정수이므로 −1이 됩니다.

음수를 몇 개 더 해보겠습니다.

[−3.9]는 −3.9보다 작거나 같은 정수인 −4, −5, −6, … 중에서 최대의 정수이므로 −4가 되고, [−7]은 −7보다 작거나 같은 정수인 −7, −8, −9, … 중에서 최대의 정수이므로 −7이 됩니다.

결국 가우스 수는 다음과 같이 수직선상에 대괄호 안의 숫자를 표시했을 때 그 숫자가 정수이면 자기 자신이 되고, 그렇지 않으면 왼쪽에 연속적으로 자리해 있는 정수들 중에서 첫 번째로 자리한, 즉 가장 가까운 정수가 됩니다.

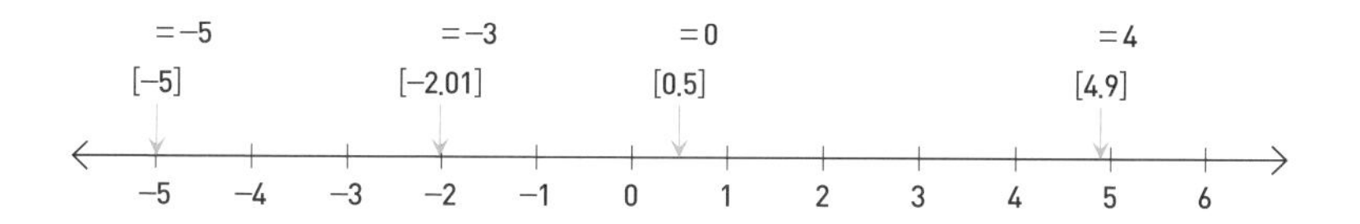

3. 성질

이번에는 반대로 생각해봅시다.

만약 [x] = 5라면 x는 어떤 값을 가질까요?

가우스 수의 뜻을 이용하면, 'x보다 작거나 같은 최대의 정수가 5'라는 말이므로 x는 5보다 크거나 같아야 하지만 절대로 6이 되어서는 안 됩니다. x가 6이 되면 [x] = 6이 되기 때문이지요. 따라서 [x] = 5

➡ $5 \leqq x < 6$이 될 것입니다.

또 $[x] = -2$라면 x보다 작거나 같은 최대의 정수가 −2이므로 x는 −2보다 크거나 같아야 하므로 $[x] = -2$ ➡ $-2 \leqq x < -1$이 되어야겠지요.

따라서 이것을 공식화하면 다음 식이 성립합니다.

$[x] \leqq x < [x]+1$에서

x에 관한 식을 [x]에 관한 식으로 바꾸면

⬇

$$x-1 < [x] \leqq x$$

그리고 다음 사실도 유추할 수 있습니다.

$$x-[x]=0$$

이상의 내용이 가우스 수의 정의이자 첫 번째 성질입니다.

가우스 수의 두 번째 성질은 이렇습니다.

$[x+n]=[x]+n$(n은 정수)

예를 들면 $[1.7+4]=[1.7]+4=1+4=5$라는 것이지요. 즉 '가우스 수 안에서 더하거나 뺀 정수는 가우스 수 밖에서 더하거나 뺀 결과와 같다'는 것이지요. 따라서 $[2.5-1]=[2.5]-1=2-1=1$이 되는 것이지요.

이를 이용하면 가우스 수를 아래와 같은 방법으로 풀 수도 있습니다.

$[10.73] = [10 + 0.73] = 10 + [0.73] = 10 + 0 = 10$

마지막으로, 가우스 수의 세 번째 성질은 $\left[\frac{n}{k}\right]$과 관련된 내용입니다.

예를 들어 $\left[\frac{5}{2}\right]$에 해당하는 정수는 무엇일까요?

$\left[\frac{5}{2}\right] = [2.5]$이므로 정답은 2입니다.

그러면 말을 바꾸어 이런 문제를 생각해봅시다. '1에서 5 사이에 있는 2의 배수는 몇 개일까요?'

이 문제를 유심히 살펴보면 '$\left[\frac{5}{2}\right]$에 해당하는 정수는 무엇일까요?'란 문제와 동일한 문제임을 알 수 있습니다.

왜냐하면 1은 2의 $\frac{1}{2} = 0.5$배, 2는 2의 1배, 3은 2의 $\frac{3}{2} = 1.5$배, 4는 2의 2배, 5는 2의 $\frac{5}{2} = 2.5$배이므로 결국 요구하는 답은 2와 4, 즉 5를 2로 나눌 때 정수가 되는 수임을 알 수 있습니다.

따라서 비슷한 관점에서 유추해보면 $\left[\frac{5}{2}\right]$는 '1~5 사이에 있는 2의 배수의 개수'라든지 '5를 2로 나눈 몫'과 같은 뜻임을 알 수 있습니다.

이를 정리하면 $\left[\frac{n}{k}\right]$은 다음 의미로 해석할 수 있습니다.

$\left[\frac{n}{k}\right]$ ⇒ (1) 1~n 사이에 있는 k의 배수의 개수
(2) n을 k로 나눈 몫

4. 용도

일상생활에서 가우스 수가 활용되는 곳은 어디일까요? 우체국에서 우편물을 부칠 때 0g 이상 100g 미만인 경우 100원, 100g 이상 200g 미만인 경우 200원 하는 식으로 요금이 책정되어 있는 것을 보게 되는데요. 이렇듯 우편요금과 우편물의 중량과의 관계를 나타내는 경우에 이용됩니다.

현재 세계의 대중교통 요금도 이런 방식을 적용하고 있는데요. 서울 지하철의 경우에도 기본 10km까지는 1250원으로 하고, 그 다음부터 5km 추가될 때마다 100원씩 증가하는 방식이니까요.

또한 관공서에서 주차요금을 징수할 때도 기본 30분은 무료로 하고, 그 다음부터 10분 미만은 500원, 20분 미만은 1000원, 30분 미만은 1500원 하는 식으로 요금을 매기는 경우가 이에 해당합니다.

이렇듯 가우스 수는 알게 모르게 많은 곳에서 활용되고 있답니다.

제5장

초한수

1. 게오르크 칸토르Georg Cantor

유대계 출신의 독일 수학자 게오르크 칸토르는 '무한' 개념을 도입하여 무한집합에 관한 근본 문제를 분석함으로써 고전집합론을 창시하고, 20세기에 만개한 수리논리학의 토대를 제공함으로써 '집합론의 창시자'로 평가받을 만큼 수학사에 빛나는 업적을 남긴 인물입니다. 하지만 자신의 독창적인 논문에 대해 당대 최고의 수학자들이 강력하게 반발하는 바람에 엄청난 충격을 받아 정신 질환을 앓다가 결국 정신병원에서 생을 마감한 비운의 천재이기도 합니다.

그가 22세의 어린 나이에 베를린 대학에서 박사 학위를 받은 논문의 제목은 「수학에서는 훌륭한 질문이 문제의 해답보다 더 가치 있다In mathematics the art of asking questions is more valuable than solving problems」였습니다.

그가 문제의 논문인 '혁명적인 무한집합에 관한 연구'를 발표했을 때, '무한' 개념을 전혀 이해하지 못한 수학자들의 비난은 치열했는데요. 이를 주도한 사람은 그의 멘토였던 크로네커였습니다.

그들은 "수학을 감염시키는 치명적인 질병"이니 "수학이 집합론의 악의적인 관용구에 질질 끌려 다닌다"는 집합론에 대한 비판 외에도 심지어 "과학계의 사기꾼", "젊은 영혼을 타락시키는 사람"이라는 인신모욕까지 서슴지 않았습니다.

이런 비판에 맞서 그는 "수학의 본질은 자유에 있다"고 주장하기도 했는데요. 이는 불에 기름을 부은 격이어서 크로네커는 그의 논문이 출판되지 못하도록 출판사에 압력을 가하고, 그가 근무하기로 되어 있던 모교의 교수 자리까지 훼방을 놓았습니다.

그들이 이 무한집합론에 반대한 이유는 두 가지인데요. 첫째는 나이 든 수학자들의 고정관념입니다. 이 세상에는 오직 신만이 무한한 존재이므로 유한한 존재인 인간이 무한을 다루는 것은 신에 대한 모독이라는 것이었습니다.

둘째는 무한집합의 성격을 규명하는 과정에서 유클리드 기하학의 다섯 번째 공리인 '전체는 부분보다 크다'를 부정하는 '전체와 부분의 크기가 같다'는 역설이 생겨났는데, 집합론은 수학의 전 분야를 포괄하고 있어 역설의 존재는 수학을 아예 근본부터 뒤흔들 수 있었기 때문입니다.

위대한 수학 이론들은 그 이전의 수많은 천재 선구자들의 독창적인 사고가 차곡차곡 축적되어 이루어진 결과물입니다. 하지만 로그Log를 발견한 네이피어John Napier와 함께 무한의 신비를 수학적으로 풀어낸 칸토르의 업적은 뚜렷한 선구자 없이 돌연 신천지를 펼쳐 보인 사례입니다.

이렇듯 오로지 그의 독창적 사고에 힘입어 태어난 집합론은 젊은 수학자 사이에서는 '인간정신의 가장 위대한 산물 중의 하나'로 평가받았으며, 그리하여 20세기 이후의 수학은 집합론을 토대로 새롭게 구축됐습니다.

2. 무한의 개념

1800년대 독일에서는 '미적분학' 연구가 진행됐는데, 당시의 미적분학에는 기초에 문제가 있었습니다. 이는 '무한'에 대한 체계적 이론을 세우지 못한 데서 기인했습니다. 정수론을 연구하던 그는 1874년 삼각급수로 전공 분야를 바꿔 자신의 최대 업적인 집합론과 초한수 개념에 몰두합니다.

그러다가 1875년의 논문을 통해 "수학에는 '무한'이라고 해서 단 하나의 무한만이 있는 것이 아니라 다양한 무한이 있으며(정확하게 말하면 '무한한 수의 무한'이 있다), 다른 무한보다 큰 무한이 있다"고 주장합니다.

'자연수와 소수의 집합이 크기가 동일하듯 모든 무한집합은 크기가 같다'는 것이 당시 수학자들의 입장이었는데, 이런 상황에서 그는 이른바 '대각선 논법Cantor Diagonal Process(또는 사선 추출법)'을 고안해 모든 수의 집합이 자연수의 집합보다 크다는 주장을 펼친 것이지요.

그의 집합론은 바닥이 보이지 않는 심연이지만, 여기서는 제1부의 내용을 보완하는 기본 개념만 간략히 설명하고 결론을 맺으려 합니다.

그는 무한의 탐구에서 자연수의 근본 속성인 계수성繼數性에 주목했습니다. '유한'이니 '무한'이니 하는 말이 수학에서 어떤 의미를 갖든

출발은 '한限, Limit이 있는가, 없는가'를 가름하기 위해 만들어진 것이라 생각했습니다. 따라서 무한을 따지려면 먼저 '셈Counting'의 메커니즘을 살펴야 하고, 유한과 무한은 그 다음이라는 생각이었지요. 한편 셈을 살피려면 자연수에서 시작해야 한다고 생각했습니다. 자연수야말로 '셈의 필요성'에서 유래한 수이기 때문입니다.

여기서 그가 내린 추론은 이랬습니다.

"만일 세려는 대상의 수가 유한이면 세는데 걸리는 시간만 다를 뿐 본질적으로 '셀 수 있다'는 점은 분명하다. 그래서 모든 유한집합은 '가산집합可算集合, Countable Set'이다. 그러면 무한집합의 경우는 어떨까? 우리는 언뜻 이 단계에서 아주 단순하게 '무한집합은 무한이므로 셀 수 없다'는 결론을 내리기 쉽다. 그러나 '센다'는 것을 반드시 '셈을 끝마쳤다'는 것으로 볼 필요가 없다는 점에 주목해야 한다.

유한집합은 분명 ①셀 수 있고 또 ②끝마칠 수 있다. 하지만 예를 들어 무한수열의 경우 '제1항, 제2항, …' 등으로 끝없이 셀 수는 있지만 끝마칠 수는 없다. 그런데 '센다'의 본질은 ①과 ② 중에서 ①에 존재한다. ②'끝마칠 수 있다'는 '셀 수 있는가?'의 여부가 아니라 '셈이 끝났는가?'의 여부에 대한 답이기 때문이다. 따라서 설령 무한집합이더라도 자연수와 하나씩 대응시킬 수 있는 한, 곧 '1대1 대응One to One Correspondence'을 시킬 수 있는 한 셀 수 있다고 보아야지 셀 수 없다고 보아서는 안 된다."

그리하여 그는 '유한집합' 및 '자연수 집합과 1대1 대응이 가능한 모든 무한집합'의 2가지를 '가산집합可算集合'이라 불렀는데요. 여기서 이미 그의 놀라운 분석력과 통찰력이 드러납니다. 보통 사람은 전혀 눈

여겨보지도 않을 '셈'이라는 단순한 메커니즘, 그리고 '셈'은 대상과 자연수를 손가락꼽듯 하나씩 짝지어가는 것, 곧 알고 보면 지극히 원시적이고도 소박한 관념에 지나지 않는 '1대1 대응'에 심원한 무한의 세계에 대한 열쇠가 숨어 있음을 그는 간파했던 것입니다.

짝수와 홀수의 일대일 대응

1	2	3	4	5	6	7	8	9	10	11	12	…
↕	↕	↕	↕	↕	↕	↕	↕	↕	↕	↕	↕	
2	4	6	8	10	12	14	16	18	20	22	24	…

자연수와 정수의 일대일 대응

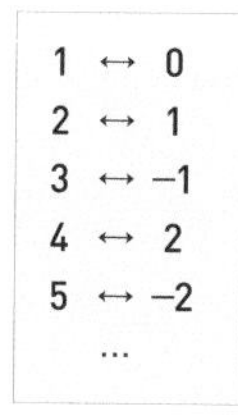

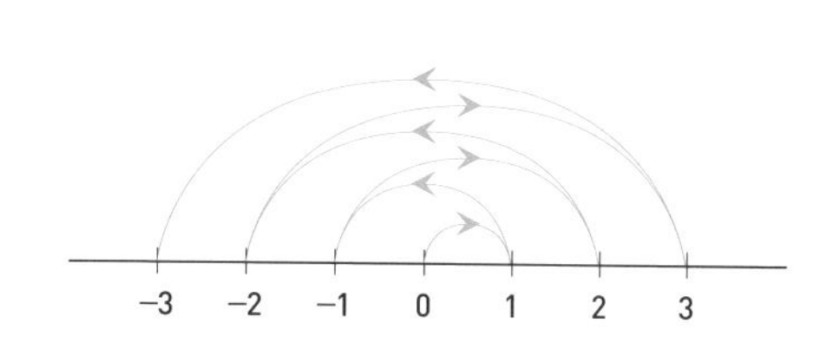

자연수와 유리수의 일대일 대응

1 5 3 10 11 21
0/1 → 1/1 → 2/1 → 3/1 → 4/1 → 5/1 …
4 ↙ 5 ↑9 ↓12 ↑20
1/2 → 2/2 3/2 4/2 5/2 …
6 ↙ 8 ↗ 13 ↙ 19 ↗
1/3 2/3 3/3 4/3 5/3 …
↓7 ↗ 14 ↙ 18 ↗
1/4 2/4 3/4 4/4 5/4 …
15 ↙ 17 ↗
1/5 2/5 3/5 4/5 5/5 …
↓16 ↗
1/6 2/6 3/6 4/6 5/6 …
⋮ ⋮ ⋮ ⋮ ⋮

자연수와 실수의 대응

$1 \leftrightarrow 0.a_{11}a_{12}a_{13}a_{14}a_{15}\cdots$
$2 \leftrightarrow 0.a_{21}a_{22}a_{33}a_{44}a_{55}\cdots$
$3 \leftrightarrow 0.a_{31}a_{32}a_{33}a_{34}a_{35}\cdots$
$4 \leftrightarrow 0.a_{41}a_{42}a_{43}a_{44}a_{45}\cdots$
$5 \leftrightarrow 0.a_{51}a_{52}a_{53}a_{54}a_{55}\cdots$
…

그리하여 그가 내린 결론은 다음과 같습니다.

자연수의 개수 = 정수의 개수 = 유리수의 개수 < 실수의 개수

3. 초한수

그가 제시한 또 하나의 개념으로서 이 장의 주제인 '초한수Transfinite Number'에 대해 간략히 살펴보겠습니다.

그는 '무한집합의 크기'를 나타내기 위해 기수Cardinal Number라는 개념을 만들어냅니다. '원소의 개수'에 해당하는 이 말은 흔히 '농도'로 번역됩니다.

먼저 유한집합의 크기는 원소의 개수로 보면 되고, 따라서 원소의 개수를 나타내는 유한수를 그 기수로 삼으면 됩니다. 그러나 자연수 집합은 무한 개의 원소를 가지므로 별도의 표시를 고안해야 합니다.

그는 궁리 끝에 자연수 집합의 기수로 히브리어의 첫 글자 ℵAleph를 딴 $\aleph_0$(알레프 널 : Aleph-null)을 부여했습니다. 이 무한기수 $\aleph_0$이 바로 최초의 초한수로서 말 그대로 풀이하면 '유한을 넘어선 수'입니다.

우리는 자연수 집합의 크기를 나타낼 때 흔히 무한대 기호인 '∞'를 떠올리기 쉽습니다. 하지만 '∞'은 '무한히 증가하는 상태', 곧 '가무한假無限'을 나타낼 뿐이지, 이 과정이 완성되었음을 뜻하는 '실무한實無限'의 기호가 아닙니다. 그런데 자연수 집합의 크기를 말할 때, 논리적으로 보면 이미 무한 개의 원소가 있음을 상정해야 하므로 ∞를 쓸 수 없습니다. 따라서 ∞와는 다른 새 기호가 필요한데요. 이것이 바로 초한수 $\aleph_0$이었던 겁니다.

이어서 두 번째 초한수를 찾아 나선 그는 실수의 개수는 자연수로 셀 수 없을 만큼 많다는 사실을 알아냈습니다. 즉 자연수의 개수는

'셀 수 있는 무한 개'이고, 실수의 개수는 '셀 수 없는 무한 개'라는 것이었습니다. 그리하여 그는 실수의 개수를 ℵ라고 명명했습니다.

그 후에도 그는 연구를 계속했지만 더 이상의 초한수는 존재하지 않는다고 결론지었으며, 그의 주장을 반박하는 새로운 이론은 아직까지도 나타나지 않고 있습니다.

4. 수학계에 미친 영향

칸토르가 발전시킨 무한 이론을 '집합론Set Theory'이라 부르는데요. 집합론은 17세기 이후의 수학사에서 추상적 논리의 정점에 위치한 이론입니다.

비록 그가 당대 수학자들로부터는 비난을 받았지만 후대 수학자들에게 환대를 받은 이유는 그의 집합론을 이용하면 무한을 체계적으로 다룰 수 있어 수학의 전 분야를 한 차원 높은 단계로 끌어올릴 수 있었기 때문입니다.

그리하여 다음 세대인 힐베르트David Hilbert를 비롯한 수학자들은 집합을 바탕으로 수학의 원리와 방법 자체를 연구하는 수학기초론을 탄생시킵니다. 특히 20세기 초 유럽 수학계를 선도한 힐베르트는 1922년 이른바 '힐베르트 프로그램Hilbert's Program'을 발표하며 공리계가 되기 위한 다음 세 가지 조건을 제시합니다.

첫째는 무모순성Consistency 또는 일관성입니다. 하나의 공리계를 가지고는 임의의 명제 P와 그 부정인 ~P를 동시에 증명할 수 없다는 겁니다. 기호로 표현하면 '$P \cap \sim P = \varnothing$'로서 아리스토텔레스의 '모순율'을 말합니다. 이 무모순성은 공리가 되기 위한 최소한의 필요조건

이자 소극적인 조건이라 할 수 있습니다.

둘째는 완전성Completeness입니다. 어떤 공리계가 완전하다는 것은 그 공리계를 가지고 임의의 명제 P와 그 부정인 ~P 중 하나는 반드시 증명할 수 있다는 것입니다. 기호로 표현하면 'P ∪ ~P = U'가 되는데요. 바로 '배중률'을 의미하지요. 이 완전성은 그 공리계 내에서 모든 명제가 증명되거나 반증된다는 것으로 공리가 되기 위한 충분조건이자 적극적인 조건입니다.

셋째는 독립성Independency입니다. 공리계를 구성하는 각각의 공리들은 상호 독립적이라는 것입니다. 즉 나머지 공리들로 증명되는 정리를 공리로 착각하면 안 된다는 뜻이지요.

그러자 러셀Bertrand Russell과 화이트헤드Alfred Whitehead는 수학의 본질이 되는 틀을 새로 짜기 위해 유클리드의 『원론原論』을 재구성해 『수학원리數學原理』라는 방대한 저서를 집필합니다.

이제 수학자들은 이 공리 체계를 제대로 다듬기만 하면 수학의 전 체계는 아무 모순도 없고, 그 안의 모든 정리가 증명될 수 있을 것이라는 환상에 빠집니다.

하지만 이 환상은 20년도 채 지나지 않아 또 다른 괴물에 의해 무참히 깨지는데요. 그 주인공은 '수학의 마왕魔王'이라 불린, 오스트리아 출생의 미국 수학자이자 논리학자인 쿠르트 괴델Kurt Gödel입니다. 그는 24세 나이에 「『수학원리』 및 이와 관련된 체계에서 형식적 결정이 불가능한 명제들에 대하여 Ⅰ」이란 논문을 발표하면서 다음 내용의 '불완전성 정리Incompleteness Theorem'를 제시합니다.

[제1불완전성 정리]
자연수론을 포함하는 모든 일관된 수학적 공리계에는 결정불능 명제가 존재한다.

[제2불완전성 정리]
어떤 공리계의 일관성은 그 안에서 증명할 수 없다.

이 주장은 당시 수학계에 실로 엄청난 충격이었는데요. 칸토르가 이미 '전체와 부분의 크기가 같다'는 기존의 수학 체계를 부정하는 '집합론의 역설'을 주장했음에도, 그들은 여전히 '수학은 완전하며, 모든 수학적 정리는 체계 내에서 증명 가능하다'는 환상에 빠져 있다가 KO 펀치를 맞았기 때문입니다.

그리하여 현대의 수학자들은 이제 수학을 '하나의 완전체가 아닌 궁극적인 결론에 도달하기 위해 끊임없이 노력해야 하는 과정'으로 인식하고 있답니다.

수학 읽기

지은이 | 박성일
펴낸이 | 박영발
펴낸곳 | W미디어
등록| 제2005-000030호
1쇄 발행 | 2019년 7월 27일
주소 | 서울 양천구 목동서로 77 현대월드타워 1905호
전화 | 02-6678-0708
e-메일 | wmedia@naver.com

ISBN 979-11-89172-26-8 03410

값 13,000원